AI STRATEGY WORKSHOP

LIDERA TALLERES ESTRATÉGICOS PARA INCORPORAR IA EN PRODUCTOS Y SOLUCIONES DIGITALES

MARTIN ALAIMO

ALAIMO LABS

ISBN 978-0-9975796-9-7

Primera edición: agosto de 2025

A Sofía y Daniela, que sostienen y alimentan mi curiosidad incansable, y a cada colega y alumno que se animó a explorar conmigo cómo convertir la inteligencia artificial en valor real para las personas y organizaciones.

ÍNDICE

PARTE UNO
CONTEXTO E HISTORIA

DÍA 4

PARTE UNO
CONTEXTO E HISTORIA

CAPÍTULO 1

CUANDO LA REALIDAD DESTROZA LOS MEJORES PLANES

Recuerdo con precisión ese martes por la tarde en Bogotá. Habían pasado seis semanas desde que comenzamos a trabajar con el equipo de desarrollo, seis semanas de mapeos intensos, de historias de usuario cuidadosamente construidas, de features que prometían revolucionar la experiencia de solicitud de préstamos hipotecarios.

La pantalla proyectaba nuestro trabajo: flujos rediseñados, interfaces más intuitivas, procesos que reducían de 47 a 12 los pasos que un cliente debía completar para solicitar un préstamo. Los números eran impresionantes. Los desarrolladores sonreían con esa satisfacción silenciosa de quien sabe que ha construido algo elegante y funcional.

"Está todo listo para producción", había dicho Carolina, la tech lead del equipo, apenas cinco minutos antes. Sus ojos brillaban con esa confianza que solo da haber probado cada funcionalidad, cada caso edge, cada posible falla.

Y entonces entró Juan Alberto.

EL STAKEHOLDER QUE CAMBIÓ TODO

Juan Alberto Mendoza era el VP de la línea de préstamos minorista. Treinta años en el banco, la mitad de ellos liderando equipos, la otra mitad construyendo relaciones que se extendían desde las oficinas centrales hasta las sucursales más remotas del país. Su handshake era firme, su sonrisa educada pero cautelosa. Era, sin duda, uno de los stakeholders más críticos de todo el proyecto.

"**A ver, muéstrenme qué han construido**", dijo mientras se acomodaba en la silla del extremo de la mesa, esa posición que naturalmente asumen quienes están acostumbrados a tomar decisiones finales.

Durante los siguientes veinte minutos, desplegamos nuestro mejor pitch. Le mostramos cómo un cliente podría ahora completar su solicitud en menos de 15 minutos. Le explicamos cómo habíamos simplificado la carga de documentos. Le detallamos cada mejora en la experiencia de usuario que habíamos incorporado basándonos en las entrevistas con más de 40 clientes reales.

Sus gestos fueron cambiando gradualmente. La sonrisa cortés se transformó en ceño fruncido. Los asentimientos educados dieron paso a silencios incómodos. Y cuando terminamos la demostración, sus primeras palabras fueron como un mazo que destroza una estructura de cristal:

"**Nada de esto está alineado con lo que necesitamos**".

EL SILENCIO QUE PRECEDE AL APRENDIZAJE

Te invito a que imagines ese momento. Seis semanas de trabajo intenso. Un equipo de ocho personas que había sacrificado fines de semana para entregar algo excepcional. Features que habían sido probados, validados y celebrados internamente. Y de repente, todo eso se desvanece en una sola frase.

El silencio que siguió fue denso, cargado de esa tensión que surge cuando la realidad choca brutalmente contra nuestras expectativas. Carolina miró hacia abajo, revisando sus notas como si buscase alguna pista que le explicara qué había salido mal. Los desarrolladores intercambiaron miradas de confusión.

Yo sentí algo más que esa familiar punzada en el estómago. Sentí cansancio. Un cansancio profundo que había estado acumulándose durante años de trabajo en consultoría. Era la misma historia una y otra vez: nos contrataban para "mejorar la experiencia del usuario" o "hacer el producto más ágil", pero nadie nos hablaba del verdadero "para qué". Nadie nos explicaba cuáles eran los objetivos reales del área, qué métricas necesitaban mover, qué presiones estaban recibiendo desde arriba.

"**Otra vez**", pensé para mis adentros. "**Otra vez nos piden construir algo sin decirnos realmente qué problema de negocio estamos tratando de resolver**".

"**¿Podrías ser más específico, Juan Alberto?**", logré articular después de lo que parecieron minutos pero probablemente fueron solo segundos. Pero por dentro, una parte de mí quería gritar: "**¿Por qué no nos dijiste esto desde el primer día?**"

LA REVELACIÓN QUE LO CAMBIÓ TODO

Lo que siguió fue una lección que transformó para siempre mi manera de entender la gestión de productos y la alineación estratégica en organizaciones complejas.

Juan Alberto nos explicó que, mientras nosotros habíamos estado enfocados en optimizar la experiencia del cliente final, él había estado lidiando con una realidad estratégica completamente diferente. Su área tenía objetivos específicos para ese trimestre: reducir en un 15% el tiempo de procesamiento de solicitudes de préstamos, pero no necesariamente mejorar la experiencia de solicitud. Necesitaba aumentar la conversión de solicitudes precalificadas que llegaban a través de otros canales digitales del banco. Y lo más crítico: su meta principal era incrementar el ticket promedio de los préstamos hipotecarios, no simplificar el proceso de solicitud.

"**Ustedes han construido algo hermoso para el cliente**", nos dijo con una honestidad que dolía pero que agradecí, "**pero han ignorado completamente los objetivos estratégicos de mi área y del banco para este año**".

Ahí estaba otra vez. Esa frase que había escuchado en diferentes versiones durante años de carrera. "**No sabían que teníamos que...**" "**Nadie les dijo que necesitábamos...**" "**Pensé que era obvio que el objetivo era...**"

Por un momento, consideré responder con la frustración que llevaba años acumulando. Quería preguntarle por qué, si tenía objetivos tan específicos y críticos, no nos los había compartido en la reunión de kick-off seis semanas atrás. Quería cuestionar por qué esperó hasta el final para decirnos qué era lo que realmente necesitaba. Pero me contuve. Había aprendido que en esos momentos de crisis, la defensiva no construye puentes.

En lugar de eso, respiré hondo y elegí la curiosidad por encima de la frustración.

LA PRIMERA GRAN LECCIÓN

Este momento marcó el inicio de lo que después se convertiría en una de mis comprensiones más profundas sobre la gestión de productos en el contexto de organizaciones complejas. No es suficiente con optimizar la experiencia visible del usuario. En productos digitales, especialmente en contextos empresariales como el bancario, cada feature que construimos debe estar alineado con los objetivos estratégicos específicos de las áreas de negocio que los van a usar, medir y, en última instancia, defender ante sus superiores.

Esa tarde, mientras caminaba por las calles de Bogotá procesando lo que había ocurrido, una pregunta comenzó a formarse en mi mente: **¿Cómo podemos gestionar productos digitales de manera que no solo satisfagan las necesidades evidentes de los usuarios, sino que también estén perfectamente alineados con los objetivos estratégicos específicos de cada área de negocio que los va a adoptar?**

Esta pregunta se convertiría en el hilo conductor de los siguientes años de mi carrera, y es la misma pregunta que te invito a explorar conmigo a lo largo de este libro.

Tal vez tú también has vivido esto. Tal vez reconoces esa sensación de ser el profesional talentoso al que llaman para resolver problemas complejos, para diseñar soluciones elegantes, para construir productos que funcionen... pero al que mantienen cuidadosamente alejado de las conversaciones estratégicas reales. Te piden que seas brillante operacionalmente, pero te excluyen de las decisiones que dan sentido a todo ese talento que tienes. Como si fueras un cirujano excepcional al que le pidieran operar sin conocer el diagnóstico del paciente.

LA TRAMPA DE LA FEATURE FACTORY

Lo que no sabía en ese momento, pero que entendería años después, es que tanto Juan Alberto como nosotros éramos víctimas de un patrón sistémico que domina la industria tecnológica: la **feature factory**.

Hemos crecido profesionalmente en un modelo donde nos especializamos en tomar pedidos de features en lugar de analizar desafíos estratégicos. Alguien dice "necesitamos un botón aquí", "agreguemos esta funcionalidad", "el usuario debería poder hacer esto", y nosotros saltamos inmediatamente al modo solución. Activamos el piloto automático: research, wireframes, desarrollo, testing, deploy.

Nos hemos vuelto increíblemente eficientes construyendo lo que nos piden, pero hemos perdido la capacidad de habitar el espacio del problema y de la estrategia. Raramente preguntamos: "**¿Qué problema específico está tratando de resolver tu área con esto?**" "**¿Cómo sabremos si esto fue exitoso?**" "**¿Qué pasa si no construimos nada y exploramos otras alternativas?**"

El resultado es predecible: construimos productos hermosos que nadie adopta, features elegantes que no mueven las métricas que importan, y soluciones técnicamente perfectas para problemas que no entendimos completamente.

Juan Alberto no nos había ocultado información maliciosamente. Simplemente asumió que, como "los expertos en producto", nosotros íbamos a preguntar por los objetivos estratégicos, por el contexto, por el "para qué" real. Y nosotros asumimos que, como él nos había contratado, ya tenía claro qué necesitaba y solo esperaba que lo construyéramos.

Ambos estábamos operando desde la lógica de la feature factory, donde unos piden y otros construyen, pero nadie se hace cargo del espacio estratégico del medio.

ESTO NO TIENE POR QUÉ SEGUIR ASÍ

Ya es hora de que cambiemos esta dinámica. Es momento de elevar nuestra mirada y nuestra conversación para poder intervenir a nivel estratégico, a nivel de liderazgo. De dejar de ser operadores excepcionales para convertirnos en estrategas de producto.

Imagina por un momento cómo sería tu día a día profesional si esto fuera diferente.

Imagina que cuando te llaman para un proyecto, la primera reunión no es sobre wireframes o user stories, sino sobre objetivos de negocio, métricas que importan, y el contexto estratégico real. Imagina que te perciben no como el ejecutor de ideas de otros, sino como el estratega que puede ayudar a definir qué construir y, más importante aún, qué **no** construir.

Imagina que cada feature que propones tiene una línea directa y clara con una métrica específica que tu stakeholder necesita mover. Que cada sprint que ejecutas está alineado con una decisión estratégica consciente. Que cada producto que lanzas genera no solo satisfacción del usuario, sino también resultados medibles para la organización.

Imagina que los CEOs, VPs y directores de área te buscan no solo para construir lo que ya decidieron, sino para participar en las decisiones de qué debería existir en primer lugar. Que tu voz tiene peso en las conversaciones donde se define el futuro de los productos, no solo en las conversaciones sobre cómo implementarlos.

Imagina que puedes anticiparte a situaciones como la de Juan Alberto, porque has desarrollado la capacidad de hacer las preguntas correctas antes de que sea demasiado tarde. Que tus proyectos raramente fallan por desalineación estratégica porque has aprendido a operar en el espacio donde se toman las decisiones que realmente importan.

Esto no es una fantasía. Es un estado profesional alcanzable. Y es exactamente hacia donde te propongo que caminemos juntos en este libro.

EL AI STRATEGY WORKSHOP

Durante los años que siguieron a esa experiencia en Bogotá, desarrollé junto a mi equipo una metodología específica para romper el ciclo de la feature factory y elevar la conversación al nivel estratégico que realmente importa. Al principio, en 2017, nació como el **Feature Strategy Workshop**, pero ahora hemos adaptado esta metodología a la nueva realidad, nombrándolo **AI Strategy Workshop**.

Especialmente hoy en día, con el advenimiento y la explosión de la inteligencia artificial, muchos equipos y empresas están desesperados por incluir IA en sus productos. Es el caldo de cultivo ideal para un destino caótico si no actuamos deliberadamente para prevenir que los productos evolucionen hacia verdaderos Frankensteins: criaturas complejas, con partes que no dialogan entre sí, que consumen recursos enormes pero que no generan el valor prometido.

El AI Strategy Workshop no es solo una metodología más. Es un sistema completo que te permite:

- **Mapear la intención estratégica real** detrás de cada solicitud de feature o proyecto de IA
- **Alinear expectativas** entre stakeholders antes de escribir la primera línea de código
- **Validar el valor de negocio** de cada componente de IA que consideres incorporar
- **Prevenir los Frankensteins digitales** que resultan de agregar IA sin criterio estratégico
- **Posicionarte como el estratega** que las organizaciones necesitan en esta nueva era

En este libro, te voy a presentar el AI Strategy Workshop paso a paso, con cada herramienta, cada pregunta, cada framework que hemos desarrollado y refinado en cientos de proyectos. Para que puedas replicarlo inmediatamente en tu contexto y lograr esta transformación profesional que tanto necesitas.

Porque si no cambiamos nosotros, si no elevamos nuestro nivel de intervención, la avalancha de proyectos de IA mal concebidos va a ser épica. Y tú puedes ser parte de la solución, no de la crisis.

Yo pude hacer esta transición en 2017. Pasé de ser un consultor que tomaba pedidos de features a convertirme en un estratega de producto que participa en las decisiones que realmente importan. Y no solo yo: miles de Product Owners, Product Managers y Agile Coaches que fueron mis alumnos también han logrado hacer este cambio. Han pasado de ser ejecutores talentosos a ser los estrategas que sus organizaciones buscan desesperadamente.

Si ellos pudieron, si yo pude, tú también puedes. Y no solo puedes: **te mereces** tener esa conversación estratégica que tanto has anhelado.

Te mereces que te busquen no solo para construir, sino para decidir qué vale la pena construir. Te mereces ser la voz que ayuda a definir el futuro de los productos, no solo quien los ejecuta.

Es tu momento. Es tu turno de dejar atrás la frustración de construir cosas hermosas que nadie valora, y empezar a crear productos que realmente transformen organizaciones y vidas.

¿Estás preparado para comenzar?

CAPÍTULO 2

POR QUÉ ESTE CAMBIO YA NO ES OPCIONAL

Mientras escribo esto, la mayoría de los equipos de producto siguen atrapados en un modelo que está destinado a desaparecer. Se miden por métricas de output que suenan importantes pero que no mueven la aguja: cantidad de historias de usuario entregadas, velocidad del equipo, puntos de historia completados por sprint. Como si fuéramos una fábrica de features donde la productividad se mide por cuántas cosas producimos, no por el impacto que generamos.

Le damos más importancia a alcanzar fechas de entrega que a lograr objetivos reales. Celebramos cuando "entregamos a tiempo" aunque lo que entregamos no resuelva ningún problema significativo. Ponemos mayor foco en implementar soluciones que en entender y solucionar los problemas de fondo.

Este modelo ya estaba quebrado antes de la revolución de la inteligencia artificial. Pero ahora, con la IA, la operación está directamente amenazada.

ChatGPT ya puede crear PRDs (Product Requirement Documents) en minutos. Puede identificar features basándose en descripciones vagas.

Puede escribir historias de usuario detalladas, con criterios de aceptación precisos, y priorizarlas según diferentes frameworks. Puede generar código funcional y hasta escribir tests automatizados para validar que todo funcione.

En otras palabras: todo lo que considerábamos "nuestro trabajo especializado" está siendo automatizado a una velocidad que nos debería quitar el sueño.

LA GRAN OPORTUNIDAD DISFRAZADA DE CRISIS

Pero aquí está la hipótesis que me parece más probable: mientras la operación se automatiza progresivamente, quienes desarrollen capacidades estratégicas tienen las mejores chances de sobrevivir y prosperar. Quienes logren tener visión de producto, quienes aprendan a leer los problemas reales detrás de los pedidos superficiales, quienes puedan elevar el nivel de las conversaciones más allá de tomar nota de requerimientos.

Con tanto ruido tecnológico, con tantas posibilidades que ofrece la IA, mi intuición es que las empresas van a necesitar desesperadamente personas que les ayuden a enfocarse en lo importante. Que les ayuden a distinguir entre lo que pueden hacer y lo que deberían hacer. Que les traduzcan objetivos de negocio en decisiones de producto coherentes.

Esta podría ser la gran oportunidad de nuestras carreras: mientras otros roles se vuelven vulnerables a la automatización, nosotros podemos apostar por evolucionar hacia el rol que las organizaciones más van a valorar en los próximos años.

No puedo garantizarte que esta apuesta sea correcta. Pero creo que maximiza nuestras probabilidades de no solo sobrevivir, sino de convertirnos en profesionales más valiosos y más solicitados. Y, si mi hipótesis es acertada, la clave estará en desarrollar la capacidad de facilitar conversaciones estratégicas que ninguna IA puede reemplazar, porque requieren comprensión contextual, intuición humana, y la habilidad de navegar dinámicas organizacionales complejas.

El **AI Strategy Workshop** es una oportunidad concreta para hacer este salto hacia el mundo de la estrategia.

CAPÍTULO 3

MI TRANSFORMACIÓN: DE OPERARIO A ESTRATEGA

En 2011, tuve el privilegio de ser chair de la conferencia regional "Ágiles Latinoamérica" en Buenos Aires, Argentina. Entre los invitados estrella estaba nada más y nada menos que Jeff Patton como keynote speaker. En ese evento, aprendí de primera mano su propuesta revolucionaria de User Story Mapping, una técnica que había iniciado en 2008 y que luego se convertiría en libro bestseller en 2014.

Esa conferencia marcó un antes y un después en mi manera de entender los productos digitales. Mediante esta técnica logré tener claridad para idear la construcción evolutiva de productos, desde versiones prototípicas o MVPs hacia soluciones robustas. Por primera vez, podía visualizar no solo qué construir, sino en qué orden construirlo para maximizar el aprendizaje y el valor entregado.

AMPLIANDO EL ARSENAL ESTRATÉGICO

Al año siguiente, en 2012, incorporé las técnicas de Impact Mapping[1],

---

1. Adzic, G. (2012), *Impact Mapping: Making a Big Impact with Software Products and Projects*, Provoking Thoughts.

un enfoque publicado por Gojko Adzic que me permitía darle orden y criterio a los features de un producto. Ya no se trataba solo de mapear historias de usuario, sino de conectar cada feature con objetivos de negocio específicos y métricas medibles.

Estas dos técnicas comenzaron a cambiar fundamentalmente mi rol en los proyectos. Dejé de ser el consultor que tomaba requerimientos y los convertía en historias de usuario técnicamente perfectas. Empecé a ser quien cuestionaba los requerimientos, quien ayudaba a los stakeholders a descubrir qué era lo que realmente necesitaban lograr.

En estos años tuve mucho éxito trabajando localmente con empresas como OSDE, Techint, Mercado Libre, BBVA, Aerolíneas Argentinas, Gobierno de Salta, Superintendencia de la Provincia de Buenos Aires, entre otras. Cada proyecto me daba más confianza en que estas nuevas técnicas funcionaban mucho mejor que las tradicionales, aunque por el momento seguía siendo principalmente un enfoque operativo. Aún no había desarrollado la consciencia estratégica completa que vendría después.

EL SALTO AL LIDERAZGO REGIONAL

Para 2016 ya estaba trabajando intensamente en toda Latinoamérica como referente de agilidad, gestión y desarrollo de productos digitales. En esos años había escrito el libro "Facilitador de Equipos Ágiles", que se convirtió en un bestseller de la época. Este libro no solo enseñó el arte de la facilitación a miles de Product Owners, líderes y consultores, sino que definió el nombre de un nuevo rol en muchas empresas de Latinoamérica.

Lo que no anticipé en ese momento es cómo ese libro cambiaría mi propia trayectoria profesional. Al escribir sobre facilitación, me obligué a sistematizar todo lo que había aprendido sobre cómo extraer lo mejor de las personas en contextos colaborativos. Me di cuenta de que tenía una habilidad natural para ayudar a los grupos a llegar a consensos y decisiones de calidad.

LA SÍNTESIS TRANSFORMADORA

Esta experiencia me permitió crear una síntesis única: combinar la disciplina de product management con facilitación. Ahora tenía la oportunidad de extraer grandes resultados de reuniones participativas donde antes había caos, confusión y discusiones improductivas.

Donde antes los stakeholders llegaban a las reuniones con agendas ocultas y expectativas no alineadas, ahora había determinación y entusiasmo compartido. Donde antes las decisiones de producto se tomaban en silos o por jerarquía, ahora emergían de procesos colaborativos donde todos los involucrados sentían ownership del resultado.

CUANDO EL ENFOQUE DEJÓ DE SER SUFICIENTE

Sin embargo, este enfoque dejó de ser efectivo cuando más nos fuimos acercando a la estrategia. Lo que alguna vez funcionaba perfectamente en el nivel operativo, ya dejaba bastante que desear cuando intentaba aplicarlo a conversaciones más estratégicas. Como en el ejemplo de Juan Alberto del banco de Bogotá, comencé a toparme con muchas situaciones similares: workshops brillantemente facilitados que producían features técnicamente perfectos, pero que no movían las métricas que realmente importaban para el negocio.

Me di cuenta de que podía facilitar conversaciones extraordinarias sobre **cómo** construir productos, pero me faltaban las herramientas para ayudar a los equipos a definir **qué** era lo que valía la pena construir en primer lugar.

EL GIRO HACIA LO VERDADERAMENTE ESTRATÉGICO

Para 2018 tuve la oportunidad de conocer la propuesta de OKRs popularizada en esos años por John Doerr en su libro "Measure What Matters". Esta metodología cambió completamente mi perspectiva sobre cómo conectar el trabajo operativo con objetivos estratégicos medibles.

Los OKRs me dieron el framework que necesitaba para que mis workshops dieran un giro de 180 grados, posicionándose como ejercicios verdaderamente estratégicos y no tan operativos. Por primera vez podía facilitar conversaciones que comenzaban con objetivos de negocio y terminaban con roadmaps de producto alineados.

El refuerzo final vino en 2019 al incorporar el marco de North Star de Amplitude, una metodología que me permitía conectar la visión de largo plazo con las métricas del día a día. Esta pieza terminó de conformar la fórmula mágica para lo que eventualmente se convertiría en el Feature Strategy Workshop, que luego evolucionaría hacia el AI Strategy Workshop.

Ahora tenía las herramientas no solo para facilitar conversaciones productivas, sino para elevar esas conversaciones al nivel estratégico donde realmente se crean productos que transforman organizaciones.

Gracias a estos esfuerzos logré llegar a tocar el corazón de los productos digitales en toda Latinoamérica. Trabajé en empresas como Interbanking, BCP, Suramericana, Protección, BBVA, Banco BCI, Scotiabank, Bancolombia, Empresas Públicas de Medellín, por nombrar solo algunas.

EL MOMENTO DE CLARIDAD

Fue en este punto de mi carrera cuando me di cuenta de que había hecho una transición sin darme cuenta completamente. Ya no era el consultor que ejecutaba brillantemente lo que otros decidían. Me había convertido en el estratega que ayudaba a definir qué era lo que valía la pena decidir en primer lugar.

Los clientes ya no me llamaban para "implementar metodologías ágiles" o "mejorar la velocidad del equipo". Me buscaban para "ayudarnos a definir nuestra estrategia de producto" o "facilitar las decisiones más importantes de la empresa".

LA LECCIÓN FUNDAMENTAL

La transformación no había sido accidental. Había sido el resultado de años de inversión consciente en capacidades que me permitían operar en el espacio estratégico: la habilidad de mapear visualmente problemas complejos, de conectar features con objetivos de negocio, y de facilitar conversaciones donde emerge claridad del caos.

Estas capacidades son exactamente las que cualquier profesional de producto puede desarrollar. Y son las mismas capacidades que están en el corazón del AI Strategy Workshop que compartiremos en este libro.

CAPÍTULO 4

LA EVOLUCIÓN HACIA EL AI STRATEGY WORKSHOP

El **Feature Strategy Workshop** había sido un acierto rotundo. Durante años funcionó extraordinariamente bien para ayudar a equipos y organizaciones a tomar decisiones estratégicas sobre qué features construir, cuándo construirlos, y cómo alinearlos con objetivos de negocio medibles.

Pero con el surgimiento explosivo de la inteligencia artificial, nos chocamos con una pared.

Aunque el framework original funcionaba perfectamente para todos los features tradicionales, cuando los equipos querían incorporar inteligencia artificial a sus productos, las conversaciones se volvían confusas, las decisiones se tornaban reactivas, y los resultados eran impredecibles.

Era evidente que necesitábamos algo más específico para navegar las complejidades únicas de la IA.

EL DESAFÍO DE LA INTELIGENCIA ARTIFICIAL

Los features de IA presentaban desafíos que nuestro workshop original no contemplaba:

- ¿Dónde específicamente tiene sentido incorporar IA en un producto existente?
- ¿Cómo evaluar el impacto potencial de automatizar una función particular?
- ¿Qué nivel de automatización perseguir para cada caso de uso?
- ¿Cómo balancear la capacidad técnica con las expectativas del usuario?
- ¿Cómo priorizar entre múltiples oportunidades de IA cuando todas parecen prometedoras?

Estas preguntas requerían herramientas más específicas que las que habíamos desarrollado para features tradicionales.

LAS DOS TÉCNICAS CLAVE

Después de múltiples iteraciones y experimentos, desarrollamos dos técnicas específicas que transformaron completamente la efectividad del workshop para contextos de IA:

1. El Mapa de Fricción Cognitiva

Esta técnica nos permite identificar las oportunidades más relevantes para la incorporación de inteligencia artificial en cualquier producto o servicio. El mapa visualiza todos los puntos donde los usuarios experimentan carga cognitiva, esfuerzo mental, o fricción en sus tareas, y los evalúa según su potencial de mejora mediante IA.

No todas las fricciones son iguales, y no todas se benefician de automatización inteligente. El Mapa de Fricción Cognitiva nos ayuda a encontrar esos puntos dulces donde la IA puede generar el mayor impacto con el menor riesgo.

2. El A-Dial (Automation Dial)

Una vez identificadas las oportunidades, necesitábamos una manera de decidir el nivel de automatización apropiado para cada caso. El A-Dial es un framework que nos permite evaluar y decidir conscientemente qué grado de automatización perseguir: desde asistencia sutil hasta automatización completa.

Esta herramienta previene uno de los errores más comunes en productos de IA: asumir que "más automatización" siempre es mejor. El A-Dial nos ayuda a encontrar el nivel óptimo de intervención de IA para cada contexto específico.

LA VALIDACIÓN EN EL MUNDO REAL

El AI Strategy Workshop lo probamos primero con Kouls, nuestro producto estrella de alineamiento estratégico. La metodología nos permitió identificar tres oportunidades clave de IA y priorizarlas estratégicamente según impacto esperado y complejidad de implementación.

Luego lo aplicamos con el Campus Virtual de Alaimo Labs, un contexto completamente diferente donde validamos su relevancia y funcionamiento en escenarios de mayor complejidad educativa. Los resultados fueron igual de efectivos, demostrando la versatilidad del enfoque.

REFINAMIENTO Y SISTEMATIZACIÓN

Lo probamos decenas de veces con diferentes tipos de escenarios, desde pequeñas soluciones hasta productos complejos. Cada iteración nos permitió refinar las técnicas, simplificar los procesos, y hacer el workshop más accesible para facilitadores con diferentes niveles de experiencia.

Este proceso de refinamiento fue tan exhaustivo que eventualmente incorporamos el AI Strategy Workshop como tema requerido en nuestro programa de AI Product Management, donde docenas de profesionales lo han experimentado y aplicado en sus propios contextos.

EL RESULTADO: CLARIDAD EN MEDIO DEL CAOS

Todo este trabajo nos llevó a donde estamos ahora: una dinámica clara y concreta para tomar decisiones estratégicas de integración de inteligencia artificial en productos digitales.

Ya no dependemos de intuición, modas tecnológicas, o presión competitiva para decidir dónde y cómo incorporar IA. Tenemos un proceso sistemático que convierte el caos de posibilidades en decisiones estratégicas fundamentadas.

El AI Strategy Workshop representa la evolución natural de años de trabajo en facilitación estratégica, adaptada específicamente para navegar las complejidades únicas de la era de la inteligencia artificial.

CAPÍTULO 5
QUÉ SIGNIFICA DECIDIR ESTRATÉGICAMENTE

Cuando hablamos de "decidir estratégicamente" en el contexto de productos digitales e inteligencia artificial, no nos referimos simplemente a tomar decisiones importantes. Nos referimos a un enfoque sistemático que conecta conscientemente cada decisión de producto con objetivos de negocio medibles y resultados específicos.

Decidir estratégicamente significa operar desde la claridad, no desde la urgencia. Significa elegir qué construir basándose en evidencia y análisis, no en modas tecnológicas o presiones competitivas.

LOS ELEMENTOS DE UNA DECISIÓN ESTRATÉGICA

1. Conectar con Objetivos Claros

Una decisión estratégica siempre comienza con la pregunta: "**¿Qué problema específico estamos tratando de resolver y para quién?**" No se trata de implementar IA porque "es lo que hay que hacer", sino de identificar qué objetivo de negocio específico va a verse impactado positivamente.

2. Evaluar Alternativas Conscientemente

El pensamiento estratégico considera múltiples caminos, incluyendo la opción de no hacer nada. Pregunta: "**¿Qué otras maneras tenemos de lograr este objetivo?**" y "**¿Qué pasa si no construimos esto?**"

3. Establecer Métricas de Éxito Específicas

Una decisión estratégica define claramente cómo sabremos si fue correcta. No se conforma con métricas vagas como "mejorar la experiencia del usuario", sino que establece indicadores específicos y medibles.

EL CONTRASTE CON DECISIONES REACTIVAS

La mayoría de las decisiones de producto se toman reactivamente:

- **"El competidor lanzó esto, nosotros también debemos tenerlo"**
- **"El CEO vio una demo de IA y quiere que implementemos algo similar"**
- **"Los usuarios se quejan de esto, hay que solucionarlo rápido"**
- **"ChatGPT puede hacer esto, agreguémoslo a nuestro producto"**

Estas no son decisiones estratégicas, son reacciones. Pueden estar justificadas, pero operan desde la urgencia y la imitación, no desde la estrategia.

LA DIMENSIÓN TEMPORAL ESTRATÉGICA

Decidir estratégicamente también significa considerar el impacto temporal de nuestras decisiones:

- **Corto plazo**: ¿Cómo impacta esto nuestras métricas inmediatas?
- **Largo plazo**: ¿Cómo se conecta con nuestra visión de producto?

Una feature de IA puede ser perfecta para resolver un problema inmediato, pero crear dependencias técnicas que limiten nuestra flexibilidad futura. Una decisión estratégica evalúa estos trade-offs conscientemente.

LA DIFERENCIA ENTRE CONSTRUIR Y DECIDIR

En el mundo de la feature factory, nos especializamos en construir eficientemente lo que otros deciden. En el mundo estratégico, nos especializamos en decidir qué vale la pena construir en primer lugar.

La diferencia es fundamental:

- **Construir bien** requiere habilidades técnicas y operativas
- **Decidir estratégicamente** requiere habilidades de análisis, síntesis, y facilitación de conversaciones complejas

EL ROL DE LA FACILITACIÓN ESTRATÉGICA

Decidir estratégicamente rara vez es un proceso individual. Requiere facilitar conversaciones donde múltiples perspectivas se sintetizan en decisiones coherentes. Requiere ayudar a los stakeholders a articular sus objetivos reales, no solo sus requerimientos superficiales.

Por eso el AI Strategy Workshop no es simplemente una metodología de priorización. Es un sistema para facilitar el tipo de conversaciones donde emergen decisiones estratégicas genuinas.

LA PROMESA DE LA DECISIÓN ESTRATÉGICA

Cuando aprendemos a decidir estratégicamente, transformamos fundamentalmente nuestra relación con nuestro trabajo. Dejamos de ser ejecutores talentosos para convertirnos en arquitectos del futuro de los productos.

Y en un mundo donde la IA puede automatizar la mayoría de las tareas operativas, la capacidad de facilitar decisiones estratégicas se convierte en nuestro diferencial más valioso.

CAPÍTULO 6

CUÁNDO FACILITAR EL AI STRATEGY WORKSHOP

El AI Strategy Workshop no es una herramienta que se aplica constantemente o por rutina. Es una intervención estratégica que se utiliza en momentos específicos donde las conversaciones superficiales sobre IA necesitan elevarse al nivel estratégico.

SEÑALES CLARAS DE QUE ES EL MOMENTO

Reconocer el momento adecuado para facilitar un AI Strategy Workshop es una habilidad que se desarrolla con experiencia. No se trata de aplicar la metodología porque existe una oportunidad de calendario, sino de identificar esos momentos específicos donde la conversación estratégica puede transformar decisiones reactivas en decisiones fundamentadas.

Las siguientes señales indican que la organización está en el punto perfecto para este tipo de intervención estratégica:

1. Cuando Hay Presión por "Agregar IA" Sin Claridad Estratégica

Síntomas típicos:

- Los stakeholders hablan de IA en términos vagos: "necesitamos ser más innovadores"
- Existe presión competitiva: "nuestros competidores ya tienen IA"
- Las solicitudes vienen sin contexto: "queremos implementar machine learning"
- Se proponen soluciones antes de definir problemas ("implementemos un chatbot para atención al cliente" sin analizar qué problemas específicos tiene el proceso actual)

El momento perfecto: Antes de que el equipo comience el desarrollo de cualquier feature de IA, cuando aún puedes influir en qué se construye, no solo en cómo se construye.

2. Cuando Múltiples Áreas Tienen Visiones Conflictivas sobre IA

Síntomas típicos:

- Marketing quiere IA para diferenciación competitiva
- Operaciones quiere IA para reducción de costos
- Producto quiere IA para mejorar experiencia del usuario
- IT quiere explorar capacidades técnicas
- Cada área empuja su propia agenda sin alineación

El momento perfecto: Cuando detectas que estas conversaciones paralelas están generando confusión o decisiones inconsistentes.

3. Durante la Planificación Estratégica de Producto

Contextos ideales:

- Definición de roadmap anual o trimestral
- Revisión de OKRs donde aparecen objetivos relacionados con IA
- Sesiones de visión de producto donde IA es parte de la conversación

- Procesos de budget planning donde se evalúan inversiones en IA

El momento perfecto: Como parte integral del proceso de planificación, no como una actividad separada posterior.

4. Cuando Proyectos de IA Anteriores No Lograron el Impacto Esperado

Síntomas típicos:

- Features de IA que se construyeron pero no se adoptan
- Inversiones en IA que no movieron métricas de negocio
- Equipos frustrados con resultados de proyectos anteriores
- Stakeholders escépticos sobre nuevas iniciativas de IA

El momento perfecto: Antes de iniciar nuevos proyectos, para evitar repetir los mismos errores.

CONTEXTOS ORGANIZACIONALES ESPECÍFICOS

Startups en Crecimiento

Cuándo aplicarlo: Cuando están considerando IA como parte de su ventaja competitiva o diferenciación de producto, pero antes de comprometer recursos significativos de desarrollo.

Empresas Establecidas

Cuándo aplicarlo: Durante procesos de transformación digital donde IA es un componente clave, especialmente cuando múltiples departamentos están involucrados.

Equipos de Producto

Cuándo aplicarlo: Al inicio de ciclos de planificación donde IA aparece como opción para resolver problemas de usuario o lograr objetivos de producto.

Consultores y Agentes de Cambio

Cuándo aplicarlo: Como parte de procesos de discovery estratégico con clientes que mencionan IA entre sus prioridades.

SEÑALES DE QUE NO ES EL MOMENTO ADECUADO

1. Cuando las Decisiones ya Están Tomadas

Si los stakeholders ya decidieron qué construir y solo buscan validación, el workshop no agregará valor. Necesitas influencia real sobre las decisiones.

2. Cuando No Hay Stakeholders Clave Disponibles

El workshop requiere la participación de personas que realmente pueden tomar decisiones estratégicas. Sin ellos, es solo un ejercicio académico.

3. Cuando la Urgencia Operativa Domina

Si el equipo está en modo crisis o con deadlines inmediatos, no tendrán el espacio mental para conversaciones estratégicas profundas.

4. Cuando No Hay Recursos para Implementar

Si la organización no tiene capacidad técnica, presupuesto, o tiempo para implementar decisiones de IA, el workshop puede generar frustración en lugar de valor.

EL TIMING PERFECTO

Pre-Discovery

Ideal: Antes de que los equipos comiencen research detallado, para asegurar que investiguen las preguntas correctas.

Post-Discovery, Pre-Planning

Efectivo: Cuando ya tienes insights de usuarios pero antes de definir el roadmap específico de implementación.

Revisiones Estratégicas Trimestrales

Útil: Como parte de retrospectivas estratégicas donde evalúas qué funcionó y qué necesita ajuste.

CÓMO RECONOCER ESE MOMENTO PERFECTO

El momento ideal para facilitar un AI Strategy Workshop es cuando confluyen tres condiciones:

1. **Hay una decisión estratégica real que tomar** (no solo validar algo ya decidido)
2. **Los stakeholders clave están disponibles y comprometidos** (no delegando en otros)
3. **Existe capacidad organizacional para actuar** (recursos, tiempo, y apoyo ejecutivo)

Cuando estas tres condiciones se alinean, el workshop puede transformar conversaciones confusas sobre IA en decisiones estratégicas claras que realmente se implementan y generan valor.

LA PREPARACIÓN DEL CONTEXTO

A veces el momento perfecto no existe naturalmente, pero puedes crearlo. Esto requiere trabajo previo de preparación del contexto organizacional, que incluye:

Educación Previa sobre Por Qué las Decisiones Estratégicas de IA Son Diferentes

Muchos stakeholders abordan la IA como si fuera cualquier otro tipo de feature. Necesitan entender que las decisiones de IA involucran consideraciones únicas: desde el impacto en la experiencia del usuario hasta las implicaciones de privacidad, desde los costos de entrenamiento hasta la explicabilidad de los algoritmos.

Esta educación no debe ser técnica, sino estratégica. Se trata de ayudarles a comprender por qué "agregar IA" no es lo mismo que "agregar un botón" y por qué merece un proceso de decisión más sofisticado.

Alineación de Stakeholders sobre la Importancia de Tomar Tiempo para Decidir Bien

La presión por "moverse rápido" puede llevar a decisiones apresuradas que después son costosas de revertir. Necesitas generar consenso sobre el valor de invertir tiempo en conversaciones estratégicas antes de comprometer recursos de desarrollo.

Esto implica mostrar ejemplos concretos de proyectos de IA que fallaron por falta de claridad estratégica inicial, y contrastarlos con casos donde una buena fase de decisión estratégica previno errores costosos.

Creación de Espacios Específicos para Conversaciones Estratégicas (No Operativas)

Las conversaciones estratégicas sobre IA no pueden suceder en reuniones de status, sprint plannings, o reviews técnicos. Requieren espacios dedicados, con el tiempo adecuado, y con los participantes correctos.

Esto significa negociar tiempo en calendarios ejecutivos, asegurar que los decision makers estén presentes (no sus delegados), y establecer reglas claras de que estas sesiones son para decisiones estratégicas, no para resolver issues operativos.

El AI Strategy Workshop es más poderoso cuando se facilita en el momento exacto donde la organización está lista para conversaciones estratégicas profundas, no cuando es conveniente para el calendario.

CAPÍTULO 7

MI EXPERIENCIA Y POR QUÉ PUEDO AYUDARTE

Te voy a contar mi historia de forma breve y sin adornos. En 1996, cuando tenía 22 años, fundé BA-OnLine desde mi cuarto en Buenos Aires pensando que iba a revolucionar el web development. Spoiler alert: no lo hice.

Lo que sí hice fue aprender a base de golpes durante 25+ años. He desarrollado más de 50 productos digitales, trabajado con más de 40 empresas (desde startups que quebraron al mes hasta unicornios, y pasando por multinacionales que me hicieron sentir una hormiga pero me dieron el espacio y las herramientas para crecer), y enseñado a más de 40,000 profesionales. Mi carrera parece el resultado de tirar dados: programador, Systems Architect, Technical Product Manager, hasta llegar a Manager en Accenture con equipos globales.

En 2009 fundé Kleer, que creció hasta 35 personas en 6 países. En Kleer fui el principal impulsor de productos internos como LMS, sistemas de registro y liquidación de sueldos; y el referente "productizador" de nuestros servicios. Balancear tantos frentes me dio la cintura para navegar mejor el product management, tanto tecnológico como servicial. Luego vinieron Alaimo Labs (2019) y Kouls (2023), cada uno enseñándome lecciones diferentes sobre mis limitaciones y mis aciertos.

POR QUÉ PUEDO AYUDARTE

He Vivido Tu Frustración Exacta

Conozco íntimamente la frustración de construir productos técnicamente perfectos que no mueven las métricas que importan. De ser valorado por habilidades técnicas pero excluido de conversaciones estratégicas. De sentir que tu talento está siendo subutilizado.

He estado exactamente donde tú estás ahora.

He Hecho la Transición que Buscas

Mi transformación de operador a estratega no es teórica. Es mi experiencia vivida durante más de 25 años. Sé exactamente qué se siente cuando dejas de tomar pedidos para empezar a participar en las decisiones que dan forma al futuro de los productos.

Entiendo el Momento Crítico que Vivimos

Estamos en un punto de inflexión histórico. La inteligencia artificial está automatizando roles operativos a una velocidad sin precedentes. Los profesionales que sobrevivan y prosperen serán quienes desarrollen capacidades estratégicas.

No es una predicción. Es una realidad que ya está sucediendo, y yo he estado navegando estos cambios durante años.

MI COMPROMISO CONTIGO

Este libro destila más de 25 años de experiencia práctica ayudando a profesionales como tú a atravesar los upskillings y reskillings más importantes de sus carreras. Te comparto no solo las herramientas, sino también los errores que cometí para que no tengas que repetirlos.

Te muestro no solo qué hacer, sino cuándo hacerlo y cómo adaptarlo a tu contexto específico. Porque la transformación que necesitas hacer no es opcional. Y yo puedo ayudarte a hacerla más rápido y con mayor seguridad de lo que me tomó a mí.

LA OPORTUNIDAD QUE TENEMOS JUNTOS

Si estás leyendo esto, es porque reconoces que algo necesita cambiar en tu carrera profesional. Intuyes que hay una manera diferente y mejor de trabajar, donde tu talento se canaliza hacia decisiones que realmente importan.

Tienes razón. Esa manera existe. Este libro es tu hoja de ruta para llegar ahí.

La pregunta no es si puedes hacer esta transición. La pregunta es si vas a aprovechar esta oportunidad antes de que la avalancha de cambios tecnológicos haga que sea demasiado tarde.

PARTE DOS
GUÍA DE FACILITACIÓN DEL AI STRATEGY WORKSHOP

CAPÍTULO 8

FACILITEMOS JUNTOS UN WORKSHOP REAL

Te voy a enseñar a facilitar el AI Strategy Workshop de la única manera que realmente funciona: haciéndolo juntos. Vamos a trabajar con FitFlow, una app de fitness que llegó a nosotros con el típico brief: "Queremos incorporar IA porque los usuarios lo piden y nuestros competidores ya la tienen."

Suena familiar, ¿verdad? Al final de este ejercicio, verás cómo transformamos esa solicitud vaga en decisiones estratégicas específicas sobre cuatro oportunidades de IA que realmente importan.

NOTA: A partir de esta sección, muchos de los capítulos serán breves, para que puedas encontrar la información en un abrir y cerrar de ojos.

CAPÍTULO 9
ESTRUCTURA

Duración: 6-10 horas (dividido en 2 a 4 sesiones)

Total mínimo: 6 horas (Días 2 y 3)

Total recomendado: 10 horas (Días 1, 2, 3 y 4)

Modalidad sugerida: Sesiones de tres horas separadas con tiempo de reflexión entre días

Participantes clave: 6-12 personas con poder de decisión real sobre el producto

CRONOGRAMA

Día 1 (3 horas): Establecimiento del Norte Estratégico

Esta sesión fundamental establece la base sobre la cual se construirá toda la estrategia de IA. Aquí articularás el propósito real del producto, definirás el North Star Metric que guiará las decisiones e identificarás los comportamientos específicos que la impulsan. La ventaja de completar esto primero es que el equipo puede internalizar estas decisiones estratégicas antes de abordar las soluciones técnicas.

Opcional: Puedes omitir la sesión del día 1 si tu equipo ya cuenta con visión/propósito de producto claro, North Star Metric definida e Input Metrics estructuradas. Recomendado para la mayoría de equipos.

Día 2 (3 horas): Mapeo de Fricción Cognitiva y Oportunidades

Esta es la sesión más estratégica del workshop. Aquí mapearás únicamente las porciones del user journey que impactan tus métricas, desglosarás cada paso hasta exponer las fricciones cognitivas exactas, y las transformarás en oportunidades específicas de IA. El resultado es un conjunto priorizado de casos de uso fundamentados en problemas reales.

Día 3 (3 horas): Diseño de Soluciones y Roadmap Ejecutable

Con las oportunidades claras, esta sesión fluye naturalmente. El equipo llegará sabiendo exactamente qué fricciones resolver y solo necesitará definir el "cómo" y el "cuándo". Aquí calibrarás el nivel de automatización ideal para cada caso, diseñarás soluciones específicas, las priorizarás por impacto real, y crearás un roadmap de implementación respaldado por métricas de validación concretas.

Día 4 (1 hora): Disciplina Operacional Continua

Esta sesión final convierte la estrategia de IA en hábitos organizacionales sostenibles. Diseñarás el sistema de revisiones que mantendrá viva la disciplina estratégica, establecerás protocolos para evaluar nuevas oportunidades sin romper la alineación, y transferirán el ownership para que el framework evolucione independientemente del facilitador. Sin estos mecanismos, incluso la mejor estrategia se diluye en la operación diaria.

Opcional: Puedes omitir esta sesión si tu organización ya opera con un modelo de gestión estratégica sólido (OKRs o equivalente) y un sistema de seguimiento y accountability establecido. Por otro lado, para equipos sin disciplina estratégica previa, lo consideramos un hito esencial.

¿Por qué no una jornada completa de 8 horas? Después de facilitar cientos de workshops, he aprendido que las mejores decisiones estratégicas no salen cuando los participantes están agotados. He probado hacerlo y siempre pasa lo mismo: después de la hora 4, la calidad de las decisiones se deteriora y empiezan a salir con compromisos débiles solo para terminar. Tiene mayor probabilidad de funcionar si tienes un equipo pequeño (máximo 6 personas) en un offsite sin distracciones. En oficina es imposible: aparecen "emergencias", se van a llamadas "urgentes", y pierdes a la mitad del equipo a partir de la hora 4.

CAPÍTULO 10

PARTICIPANTES

Participantes de FitFlow: Product Manager, UX Designer, Tech Lead, Head of Marketing, Customer Success Manager, y CEO

Tu rol: Facilitador que va a guiar el proceso

Roles clave para un workshop exitoso:

- **Facilitador:** Tu rol es guiar el proceso y mantener el foco estratégico
- **Decisor:** La persona con mayor jerarquía que participe durante todo el proceso (inspirado en Design Sprint). Idealmente el CEO, si no está disponible puede ser VP de Producto, y como última opción el Product Manager
- **Participantes:** 6-12 personas clave que representen diferentes perspectivas del producto y negocio

¿Qué pasa si soy Product Manager y quiero facilitar? Aquí hay un conflicto de intereses importante. El facilitador debe buscar neutralidad y hacer las preguntas difíciles sin sesgo hacia ninguna solución particular. Como Product Manager, inevitablemente tienes opiniones sobre qué features de IA serían mejores, qué métricas importan más, y hacia dónde debería ir el producto. Lo mejor que puedes hacer es delegar la facilitación en otra persona que no tenga intereses directos en la toma de decisiones. Si bien técnicamente puedes facilitar, no lo recomiendo.

CAPÍTULO 11

MATERIALES NECESARIOS

Para workshops presenciales:

- **Post-it notes:** Varios colores (amarillo, rosa, azul, verde) - al menos 100 de cada color
- **Marcadores Sharpies:** Punta gruesa, colores variados (negro, azul, rojo, verde)
- **Hojas grandes:** Rotafolio/papelotes/papelógrafos (según el país), mínimo 10 hojas
- **Masking tape:** Para pegar papeles en la pared
- **Puntos autoadhesivos:** Para votaciones - dos colores que contrasten con post-its (por ejemplo: puntos rojos y naranjas, o negros y blancos)
- **Cronómetro:** Para mantener los tiempos de cada actividad

Para workshops virtuales:

- **Herramienta digital:** Miro, Figma, o Mural con templates preparados
- **Cámara de buena calidad:** Para que todos se vean claramente

- **Conexión estable:** El workshop se arruina si hay problemas técnicos
- **Pantalla compartida funcional:** Todos deben poder ver y participar

CAPÍTULO 12

CONSIDERACIONES DE CONTEXTO

Estas consideraciones de contexto aplican solo a workshops presenciales.

Espacio físico que inspire creatividad:

- **Sala amplia:** Con espacio para caminar y mover el cuerpo. Esto mantiene la oxigenación alta y la energía del grupo
- **Paredes despejadas:** Para pegar papelógrafos y visualizar todo el trabajo sin obstrucciones
- **Mesas móviles:** Que permitan reconfigurar el espacio según la actividad

Iluminación estratégica:

- **Luz natural:** Siempre es preferible para mantener energía alta y bienestar
- **Excepción importante:** Si es inmediatamente después del almuerzo, usa luz artificial más intensa para contrarrestar la somnolencia post-comida

Ambiente físico:

- **Temperatura amigable:** muy caliente adormece, muy frío distrae
- **Ventilación adecuada:** El aire fresco mantiene mentes despiertas durante sesiones largas
- **Sonido controlado:** Sin ruidos externos que interrumpan la concentración

Elementos adicionales:

- **Café y agua disponible:** Hidratación constante y cafeína para mantener el foco
- **Snacks ligeros:** Evita azúcares que generen picos y caídas de energía
- **Música de fondo suave:** Solo durante breaks y momentos de concentración individual. Para estos últimos, utiliza música ambiente sin letras, 60-70 bpm y volumen muy bajo, de lo contrario compite con el procesamiento cognitivo. Nunca utilices música durante actividades de conversación y discusión ya que puede interferir con conversaciones importantes.

PARTE TRES
IA STRATEGY WORKSHOP

DÍA 1

DEFINIR EL DESTINO

Este primer día de trabajo está diseñado como un espacio opcional para aquellas organizaciones que ya cuentan con una visión o propósito de producto claro y han aterrizado una estructura sólida de indicadores tipo North Star Metric e Input Metrics.

Si tu equipo ya posee esa claridad estratégica, puedes avanzar directamente a las actividades del día 2 sin dedicar tiempo adicional aquí. Para el resto (que, en nuestra experiencia, representa a la mayoría) invertir estas horas es altamente recomendable ya que establecer un propósito compartido y métricas bien definidas garantiza que cualquier esfuerzo posterior en inteligencia artificial se alinee con la transformación que realmente les importa a tus usuarios y al negocio.

AGENDA DEL DÍA 1

La estructura del día 1 se extiende por unas 3 horas y se compone, a alto nivel, de las siguientes actividades:

- **Fase 1: Establecimiento del Norte (3 hrs)**
    - **Paso 1.1: Definición de Visión/Propósito de Producto (30 min)**
        - Brainstorming Individual (5 min)
        - Síntesis colaborativa (25 min)
    - **Paso 1.2: Definición del North Star Metric (50 min)**
        - Brainstorming Individual (10 min)
        - Adaptación individual con checklist (10 min)
        - Clustering en pizarra (15 min)
        - Síntesis de clusters (5 min)
        - Votación (5 min)
        - Decisión final (5 min)
    - **Break (10 min)**
    - **Paso 1.3: Identificación de Input Metrics (1 hr 30 min)**
        - Brainstorming de Comportamientos (10 min)
        - Clustering de comportamientos (15 min)
        - Síntesis de clusters (10 min)
        - Validación de causalidad (10 min)
        - Identificación de influencias entre comportamientos (15 min)
        - Instrumentación Analítica (20 min)
        - Ranking por impacto (5 min)
        - Selección final (5 min)

FASE 1: ESTABLECIMIENTO DEL NORTE

PASO 1.1: DEFINICIÓN DE VISIÓN/PROPÓSITO DE PRODUCTO (30 MIN)

¿Para qué hacemos esto?

Posiblemente el producto ya lo tenga definido, pero en mi experiencia, esos casos son la minoría. Es fundamental poder comenzar a hablar de estrategia teniendo claridad acerca del destino al que queremos llegar o apuntar. Antes de decidir dónde incorporar IA, necesitamos claridad sobre qué transformación queremos crear. Sin esto, cualquier feature de IA será solo ruido tecnológico.

La mecánica:

Vamos a hacer que el equipo de FitFlow articule su propósito real, no el marketing pitch que tienen en su website.

Comencemos el ejercicio:

"Equipo de FitFlow, la pregunta que vamos a responder juntos es: ¿Qué transformación específica buscamos crear en la vida de nuestros usuarios? Tienen 5 minutos individuales para escribir su respuesta."

¿Qué acabas de hacer como facilitador? Tres cosas importantes: primero, enmarcaste la actividad con claridad total: todos saben exactamente qué tienen que hacer. Segundo, usaste la palabra "transformación" en lugar de "ayuda" o "servicio" porque es más específica y ambiciosa. Tercero, diste tiempo individual antes de la discusión grupal, esto evita que las voces más fuertes dominen desde el inicio y asegura que todos procesen la pregunta por sí mismos.

Respuestas iniciales del equipo FitFlow:

- **Product Manager:** "Ayudar a las personas a adoptar hábitos de ejercicio sostenibles"
- **CEO:** "Democratizar el acceso a fitness personalizado de calidad"
- **UX Designer:** "Hacer que el ejercicio sea menos intimidante para principiantes"
- **Head of Marketing:** "Crear la comunidad de fitness más comprometida del mercado"

Tu intervención como facilitador:

"Veo patrones interesantes. Hay consenso sobre personalización, sostenibilidad y accesibilidad. Vamos a sintetizar esto juntos."

¿Cómo facilitamos la síntesis colaborativa?

Esta es una de las habilidades más críticas del facilitador. Primero, lee todas las respuestas en voz alta para que todos escuchen la diversidad completa de perspectivas. Luego identifica temas comunes usando palabras exactas que dijeron (no tu interpretación). Pregunta: "¿Escuchan estos patrones también?" para validar que no estás imponiendo tu visión. Finalmente, invita al grupo a co-crear una síntesis: "¿Cómo podríamos combinar estas ideas en una declaración que represente a todos?" El secreto está en ser el facilitador del pensamiento grupal, no el autor de la respuesta final.

La consigna específica para síntesis colaborativa:

"Ahora vamos a dedicar 25 minutos a construir juntos una declaración unificada. Juan, como decisor del grupo, ¿podrías proponer una primera versión que integre estos temas comunes, o prefieres delegar esto a alguien más? No se preocupen por que sea perfecta, vamos a iterar. El resto del equipo va a ayudar a mejorarla palabra por palabra hasta que todos sientan que los representa."

Tips & Tricks para facilitar esta sección exitosamente:

- **Escribe todo en vivo:** Usa un rotafolio o pantalla compartida donde todos vean cada palabra que se agrega o cambia en tiempo real
- **Valida cada cambio:** "¿Todos están cómodos con 'transformar' o prefieren 'ayudar'?", asegura consenso palabra por palabra
- **Gestiona perfeccionistas:** Si alguien se obsesiona con detalles, di "marquémoslo para revisar al final, sigamos con la estructura general"
- **Evita jerga corporativa:** Desafía palabras como "empoderar", "optimizar", "solutions", busca lenguaje humano y específico
- **Rechaza visiones "egoístas":** Si aparecen frases como "queremos ser líderes", "lograr el mayor market share" o "ser los mejores", redirige con: "Eso suena como un objetivo de la empresa. ¿Qué beneficio específico obtendría el usuario gracias a nuestro producto?"
- **Usa la técnica del "me suena extraño":** Si no fluye naturalmente al leerla en voz alta, probablemente necesita ajuste
- **Establece límite de tiempo:** "Tenemos 15 minutos más para esto", previene análisis parálisis
- **Prueba la declaración final:** "¿Si leyéramos esto a un usuario, entendería inmediatamente de qué se trata nuestro producto?"

Resultado del ejercicio:

Después de 25 minutos de síntesis colaborativa, FitFlow llega a:

"Transformar principiantes abrumados en personas que mantienen rutinas de ejercicio personalizadas que realmente funcionan para su vida."

> Transformar principiantes abrumados en personas que mantienen rutinas de ejercicio personalizadas que realmente funcionan para su vida.

¿Qué acabas de lograr?

Ahora todos en la sala tienen la misma definición de éxito. Cualquier feature de IA que propongamos más tarde deberá conectar con esta transformación.

PASO 1.2: DEFINICIÓN DEL NORTH STAR METRIC (50 MIN)

¿Para qué este paso?

El propósito suena hermoso, pero necesitamos una métrica que nos diga si realmente lo estamos logrando. Esta métrica guiará todas nuestras decisiones de IA.

La mecánica:

Vamos a hacer que identifiquen qué número, si mejora consistentemente, indicaría que están cumpliendo su propósito.

Arrancamos:

"Si su propósito es transformar principiantes en personas con rutinas sosteni-

bles, ¿qué métrica les diría que lo están logrando? 10 minutos de brainstorming individual."

Instrucción práctica: Los participantes escriben métricas en post-its de forma individual. Cada quien puede escribir tantas como quiera o hasta que se cumpla el tiempo.

Opciones que emergen:

- Usuarios activos semanalmente por más de 12 semanas
- Porcentaje de usuarios que completan sus objetivos trimestrales
- Tiempo promedio que los usuarios mantienen una rutina consistente
- Net Promoter Score enfocado en transformación personal

Tu facilitación:

"Evaluemos cada opción usando este checklist. Voy a darle a cada uno una lista de criterios para que revisen individualmente si sus métricas propuestas los cumplen. Por cada una de las métricas que tienen, si consideran que hay un aspecto que no se cumple, pueden descartar la métrica o ver de adaptarla para que sí lo haga."

Checklist para validar North Star Metric (entrega individual):

- **Única:** ¿Es una sola métrica? No debe ser un conjunto o promedio/sumatoria de varias.
- **Fácil de entender:** ¿Cualquier persona de tu equipo o stakeholder no técnico puede entenderla?
- **Centrada en el valor:** ¿Mide valor que tu usuario realmente experimenta? No debe enfocarse en lo que tú consideras valioso, sino tu usuario.
- **Demuestra formación de hábitos:** ¿Representa un comportamiento que se repite y se vuelve rutinario para tu usuario?

- **Estratégica:** ¿Está alineada y te acerca a cumplir tu propósito como producto?
- **Medible:** ¿Se puede medir con números específicos y seguir tendencias en el tiempo?

Proceso de selección colaborativa:

1. **Adaptación individual (10 min):** Cada participante puede adaptar sus métricas propuestas para que cumplan todos los criterios del checklist o descartarlas

2. **Clustering en pizarra (15 min):** Todos presentan y colocan sus métricas adaptadas en la pared o pizarra electronica, agrupando por similitud las que se parecen

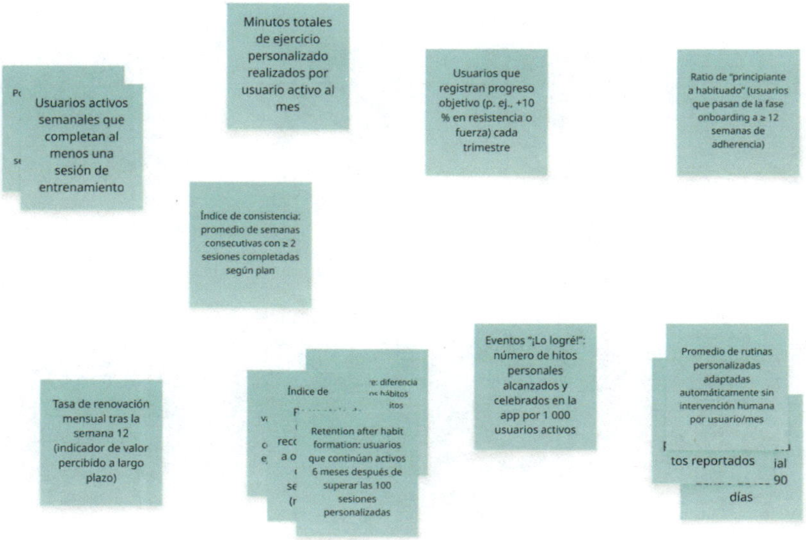

3. **Síntesis de clusters (5 min):** Para cada cluster (grupo de similares), los participantes co-crean una métrica que represente a todas las del cluster

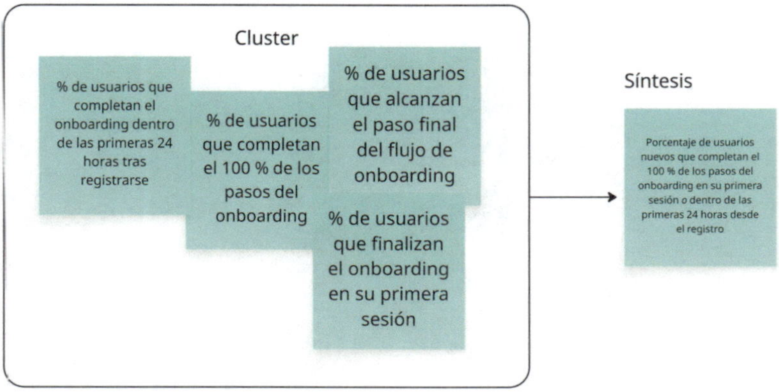

4. **Votación (5 min):** Cada participante distribuye 3 votos entre las métricas finales (pueden usar los 3 en una sola o distribuirlos)

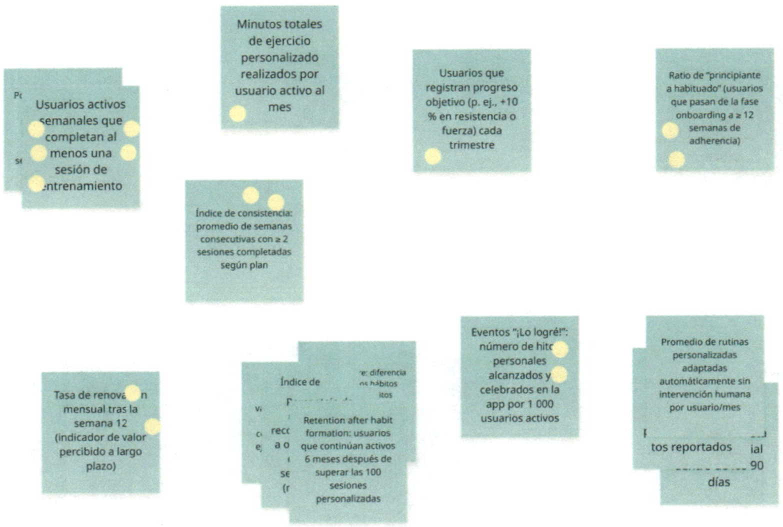

4. **Decisión final (5 min):** El decisor toma la decisión final considerando los votos pero con autoridad para elegir la North Star Metric definitiva. Explica el trasfondo de su decisión al resto del grupo.

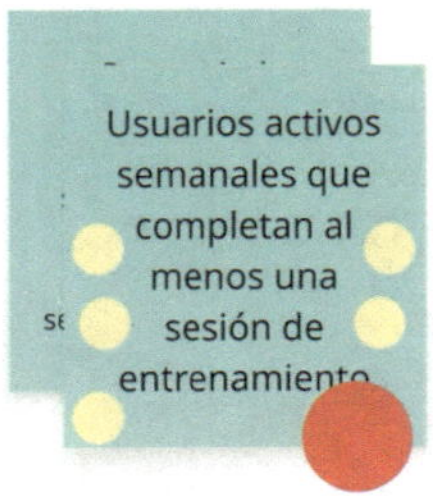

Resultado del ejercicio:

Después de evaluación y debate, FitFlow elige:

> **Usuarios activos semanales que completan al menos una sesión de entrenamiento**

¿Por qué esto es poderoso?

Ahora tienen un norte claro. Cualquier feature de IA que diseñemos debe contribuir a que más usuarios completen al menos una sesión de entrenamiento cada semana de forma consistente.

BREAK (10 MIN)

En este punto, ya llevamos 1 hora y 20 minutos de trabajo colaborativo. Es un buen momento para hacer un break de 10 minutos para recargar energías, estirar un poco el cuerpo y volver con la mente fresca para la siguiente parte de la sesión.

PASO 1.3: IDENTIFICACIÓN DE INPUT METRICS (1 HR 30 MIN)

¿Para qué necesitamos esto?

El North Star es el destino, pero necesitamos identificar qué comportamientos específicos lo impulsan. Piénsalo así: si tu North Star es "usuarios activos semanales", no puedes directamente hacer que los usuarios sean activos. Pero sí puedes influir en comportamientos más granulares que, cuando mejoran, hacen que más usuarios se vuelvan activos semanalmente.

Es como un restaurante que quiere aumentar "clientes que regresan cada mes" (su North Star). No puede controlar directamente eso, pero sí puede mejorar "velocidad de servicio", "calidad de comida" y "experiencia de reserva" (sus Input Metrics). Si estas tres mejoran, más clientes van a regresar mensualmente.

En nuestro caso, necesitamos encontrar esos comportamientos intermedios que la IA puede impactar directamente. Estas serán las métricas que la IA puede mover, y que a su vez mueven el North Star.

La mecánica:

Vamos a mapear qué comportamientos de usuario, si aumentan, harían que más usuarios completen sesiones por semana.

En acción:

"¿Qué necesita pasar para que un usuario complete al menos una sesión de entrenamiento cada semana de forma consistente? ¿Qué comportamientos específicos podemos medir? Tienen 10 minutos para escribir todos los comportamientos que se les ocurran. Escriban cada uno en un post-it separado."

Instrucción práctica:

Los participantes escriben comportamientos medibles en post-its individuales. Cada comportamiento debe ser algo que se pueda cuantificar objetivamente.

Comportamientos que emergen del brainstorming de FitFlow:

Después de 10 minutos de brainstorming individual, el equipo generó más de 25 comportamientos diferentes. Estos son algunos ejemplos representativos de lo que surgió:

- Iniciar entrenamientos planificados
- Registrar comidas en la app
- Revisar progreso semanal
- Configurar recordatorios de entrenamiento
- Participar en challenges grupales
- Ajustar rutinas según feedback
- Registrar días de descanso
- Conectar con otros usuarios
- Hacer check-ins de bienestar
- Personalizar objetivos mensualmente

Proceso de selección colaborativa:

Ahora vamos a realizar una consolidación de las opciones, una ponderación y, luego, una votación para poder escoger los 3 a 5 más significativos.

"Tenemos muchos comportamientos excelentes. Ahora necesitamos identificar cuáles tienen el mayor potencial de impacto en nuestro North Star. Vamos a hacer esto en tres pasos: consolidar opciones similares, evaluar su impacto potencial, y votar por los más importantes."

1. **Clustering de comportamientos (15 min)**: Los participantes presentan y agrupan comportamientos similares en la pared o pizarra digital, creando categorías naturales que emergen de las ideas.

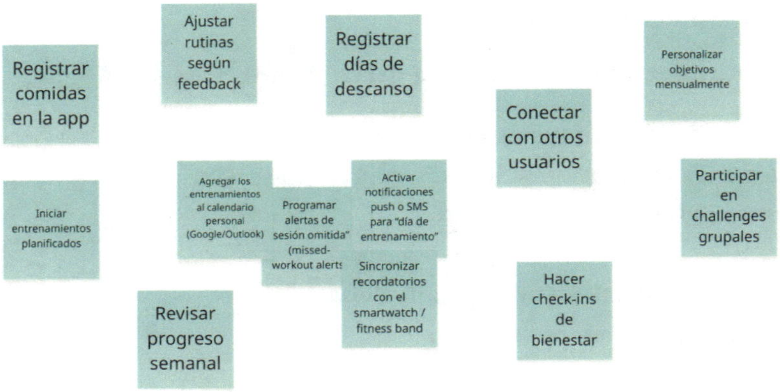

2. **Síntesis de clusters (10 min)**: Para cada grupo, co-crean una Input Metric que capture la esencia de todos los comportamientos del cluster.

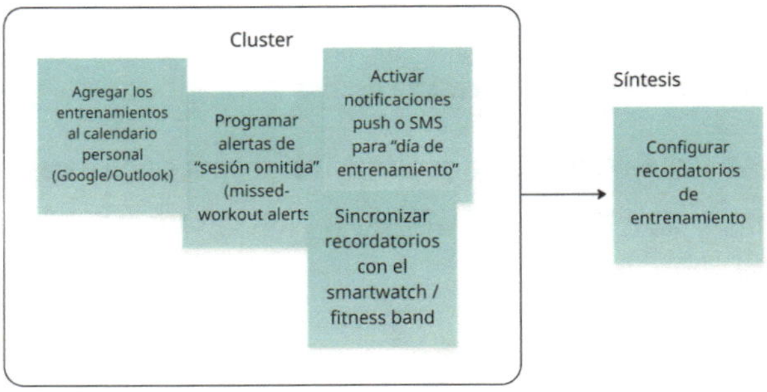

3. **Validación de causalidad (10 min)**: Para cada Input Metric, preguntan: "Si esto mejora, ¿realmente más usuarios van a completar al menos una sesión de entrenamiento cada semana?"

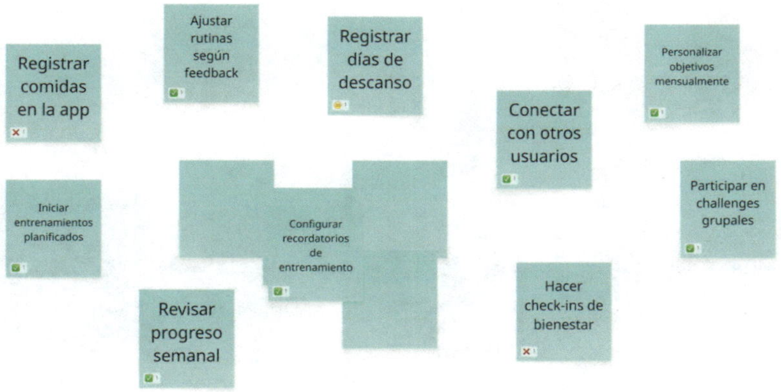

3. **Identificar influencias entre comportamientos (15 min)**: El grupo verifica qué tipo de relaciones de influencia hay entre comportamientos, buscando dejar más cerca del North Star los que se relacionan más directamente y más abajo los más indirectos.

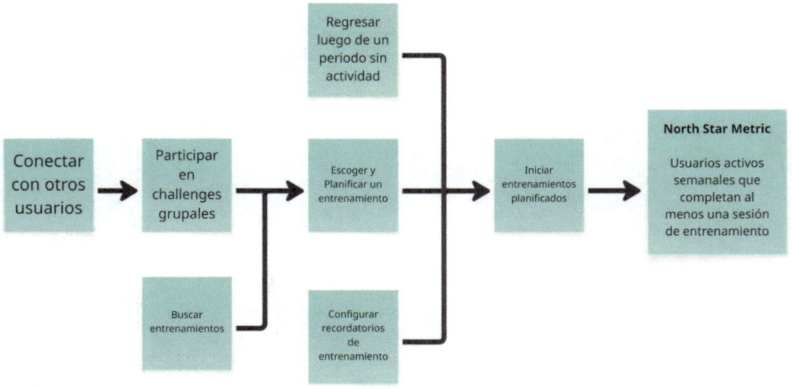

3. **Instrumentación Analítica (20 min)**: en este paso, cada comportamiento clave del diagrama debe ser operacionalizado, es decir, traducido a un indicador concreto que pueda medirse, seguirse y optimizarse.

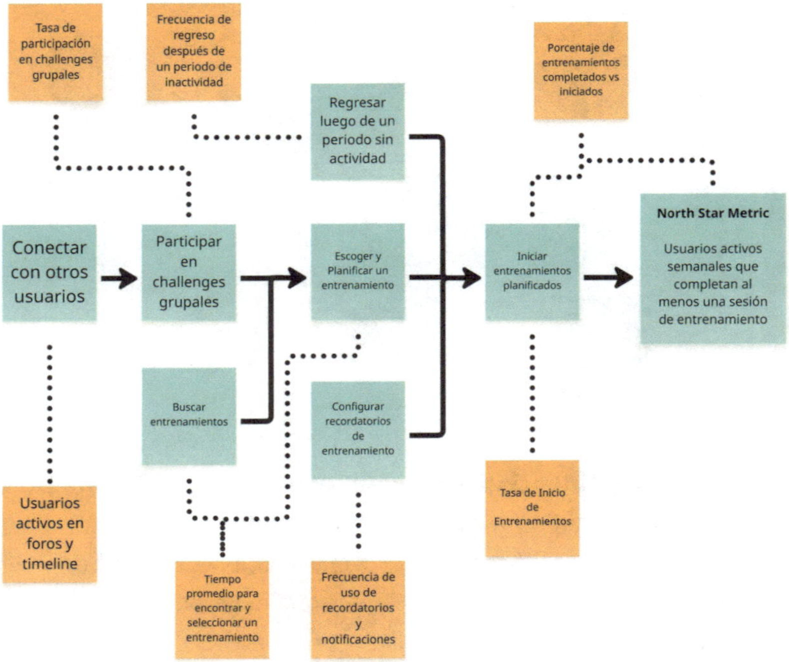

3. **Ranking por impacto (5 min)**: El equipo ordena las Input Metrics de mayor a menor impacto potencial en el North Star. Para esto, cada participante vota por las 3 que considera más influyentes.

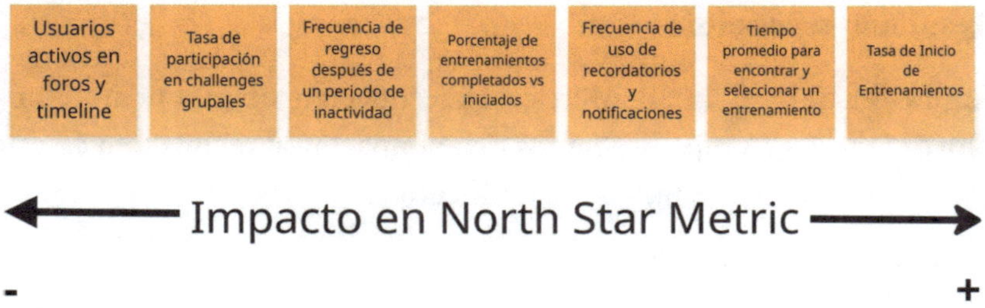

3. **Selección final (5 min)**: El decisor elige entre 3 y 5 Input Metrics priorizando por el ranking de impacto y conexión directa con el North Star.

Input Metrics Definitivas

Luego de la actividad facilitada, este es el ranking final de Input metrics para FitFlow:

1. Tasa de inicio de sesiones de entrenamiento (usuarios que empiezan entrenamientos pero pueden no completarlos)
2. Tiempo promedio para encontrar y seleccionar un entrenamiento (fricción en la decisión de qué hacer)
3. Frecuencia de uso de recordatorios y notificaciones (engagement con prompts para entrenar)
4. Porcentaje de entrenamientos completados vs iniciados (adherencia una vez que empiezan)
5. Frecuencia de regreso después de días sin actividad (re-engagement tras interrupciones)

Tu validación como facilitador:

"Perfecto. Si mejoran estos 5 comportamientos, ¿creen que más usuarios van a completar al menos una sesión de entrenamiento cada semana de forma consistente?"

Consenso: Sí.

Resultado esperado:

Ahora tenemos 5 Input Metrics que conectan directamente con el North Star. La IA que diseñemos debe impactar al menos una de estas métricas de manera medible y significativa.

¿Qué acabas de lograr?

Tienes un mapa causal claro: sabes exactamente qué comportamientos necesitas que la IA mejore para lograr tu objetivo estratégico principal. Ya no vas a diseñar features de IA "porque están de moda", sino porque mueven métricas específicas que conectan con tu North Star.

DÍA 2

DETECTAR OPORTUNIDADES

Este segundo día de trabajo no admite atajos: es parte del núcleo del workshop y, por tanto, obligatorio para todos los equipos, incluso para aquellos que ya dominan su propósito y métricas.

Durante esta jornada mapearemos únicamente las porciones del user journey que generan tus Input Metrics, desglosaremos cada paso crítico hasta exponer la fricción cognitiva exacta y transformaremos esos cuellos de botella en oportunidades de IA.

El resultado será un conjunto priorizado de casos de uso de inteligencia artificial alineados con tus métricas y tu North Star.

AGENDA DEL DÍA 2

Durante las tres horas del día número 2 nos abocaremos a completar las siguientes actividades:

- **Fase 2: Mapeo del User Journey (1 hr)**
  - Paso 2.1: Identificación de porciones críticas del Journey (30 min)
    - Creación de Journeys (30 min)
  - Paso 2.2: Desglose detallado de pasos críticos (30 min)
    - Desglose en pasos (30 min)
- **Break (10 min)**
- **Fase 3: Análisis de Fricción Cognitiva (1 hr 50 min)**
  - Paso 3.1: Identificación de fricciones en pasos críticos (1 hr 40 min)
    - Trabajo individual (20 min)
    - Consolidación grupal (20 min)
    - Priorización por impacto (20 min)
    - Análisis detallado de pasos con fricciones prioritarios (40 min)
  - Paso 3.2: Mapeo de oportunidades específicas de IA (10 min)

FASE 2: MAPEO DEL USER JOURNEY

PASO 2.1: IDENTIFICACIÓN DE PORCIONES CRÍTICAS DEL JOURNEY (30 MIN)

¿Para qué mapeamos el journey?

No vamos a optimizar todo el journey. Solo necesitamos las porciones donde se generan nuestras Input Metrics. Es estratégico, no detallado.

Muchos equipos caen en la trampa de mapear journeys completos de 47 touchpoints y después no saber dónde enfocar sus esfuerzos. Nosotros vamos directamente a los momentos que mueven las métricas que importan.

La mecánica:

Vamos a mapear el journey completo pero marcar solo las zonas que impactan nuestras 5 Input Metrics.

Trabajemos juntos:

"Vamos a mapear el journey de un usuario desde que descarga FitFlow hasta que completa una sesión de entrenamiento. Pero solo nos vamos a enfocar en los momentos que impactan nuestras Input Metrics. Tenemos 30 minutos para esto."

Recordatorio de nuestras Input Metrics:

1. Tasa de inicio de sesiones de entrenamiento (usuarios que empiezan entrenamientos pero pueden no completarlos)
2. Tiempo promedio para encontrar y seleccionar un entrenamiento (fricción en la decisión de qué hacer)
3. Frecuencia de uso de recordatorios y notificaciones (engagement con prompts para entrenar)
4. Porcentaje de entrenamientos completados vs iniciados (adherencia una vez que empiezan)
5. Frecuencia de regreso después de días sin actividad (re-engagement tras interrupciones)

Journey mapeado de FitFlow:

1. **Descarga y registro** → Setup inicial de perfil
2. **Evaluación inicial** → Objetivos, nivel fitness, disponibilidad
3. **Creación de plan personalizado** → Impacta "Tiempo promedio para encontrar y seleccionar un entrenamiento"
4. **Primera semana de entrenamientos** → Impacta "Tasa de inicio de sesiones de entrenamiento" y "Porcentaje de entrenamientos completados vs iniciados"
5. **Setup de recordatorios y notificaciones** → Impacta "Frecuencia de uso de recordatorios y notificaciones"
6. **Primeras interrupciones y regresos** → Impacta "Frecuencia de regreso después de días sin actividad"
7. **Establecimiento de rutina (semanas 4-12)** → Impacta todas las métricas
8. **Optimización y evolución del plan** → Impacta "Tiempo promedio para encontrar y seleccionar un entrenamiento" y "Tasa de inicio de sesiones"

Tu observación como facilitador:

"Noto que identificamos 6 porciones críticas donde se generan nuestras Input Metrics. Estas son nuestras zonas de oportunidad para IA."

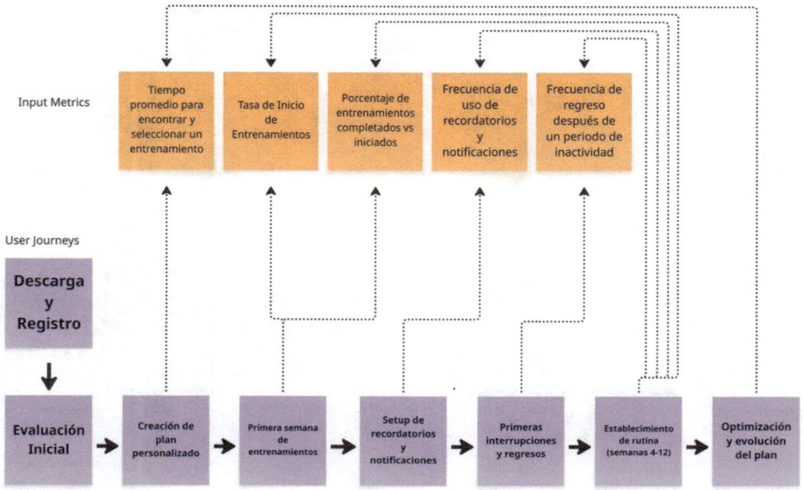

PASO 2.2: DESGLOSE DETALLADO DE PASOS CRÍTICOS (30 MIN)

¿Por qué profundizar?

Las oportunidades de IA están en los pasos específicos, no en las fases generales. Necesitamos granularidad para identificar fricciones cognitivas.

Un usuario no experimenta fricción en "crear plan personalizado". Experimenta fricción en "decidir si 30 minutos por sesión es realista para mi agenda" o "entender si un ejercicio es apropiado para mi nivel de fitness".

Seleccionamos foco:

"Vamos a profundizar en las 3 porciones más críticas: Creación de plan personalizado, Primera semana de entrenamientos, y Establecimiento de rutina."

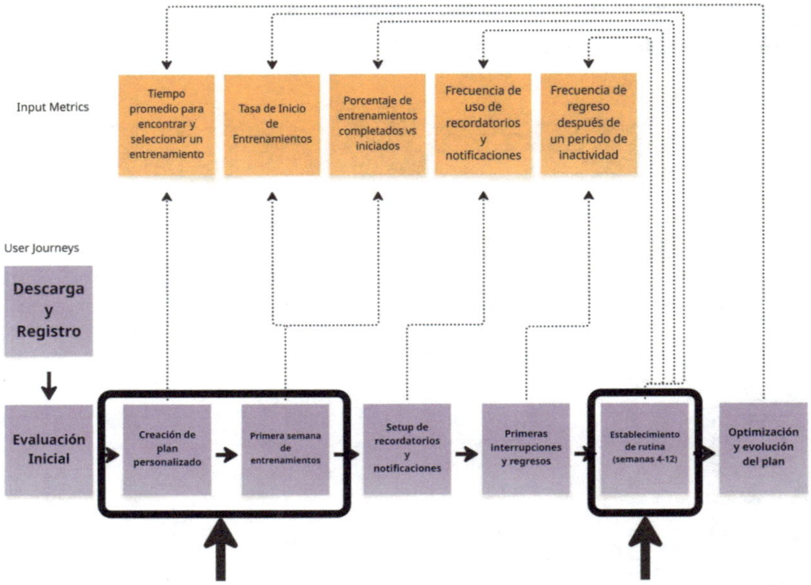

Consigna para el equipo:

"Para cada una de estas 3 porciones, vamos a desglosar los pasos específicos que da un usuario. Cada paso debe ser una acción concreta, no una categoría general. Tienen 30 minutos para trabajar en grupos."

Desglose detallado que emerge:

Creación de plan personalizado:

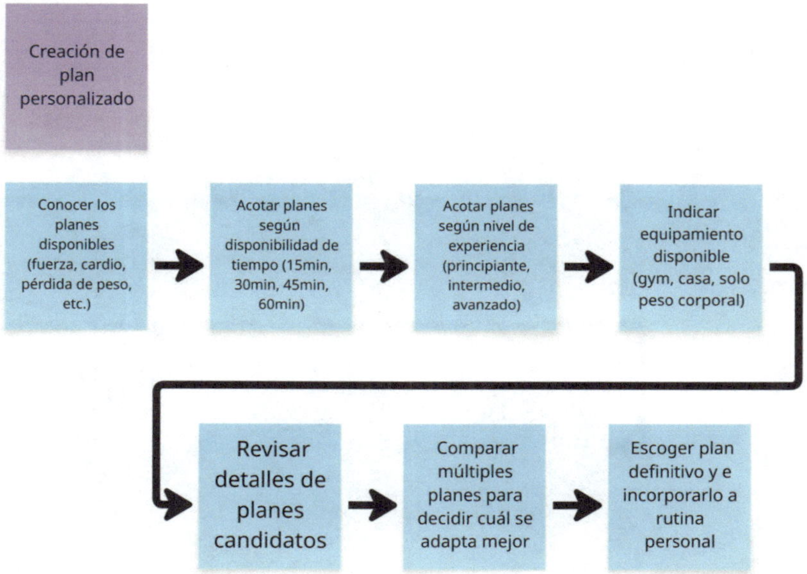

1. Conocer los planes disponibles (fuerza, cardio, pérdida de peso, etc.)
2. Acotar planes según disponibilidad de tiempo (15min, 30min, 45min, 60min)
3. Acotar planes según nivel de experiencia (principiante, intermedio, avanzado)
4. Indicar equipamiento disponible (gym, casa, solo peso corporal)
5. Revisar detalles de planes candidatos
6. Comparar múltiples planes para decidir cuál se adapta mejor
7. Escoger plan definitivo e incorporarlo a rutina personal

Primera semana de entrenamientos:

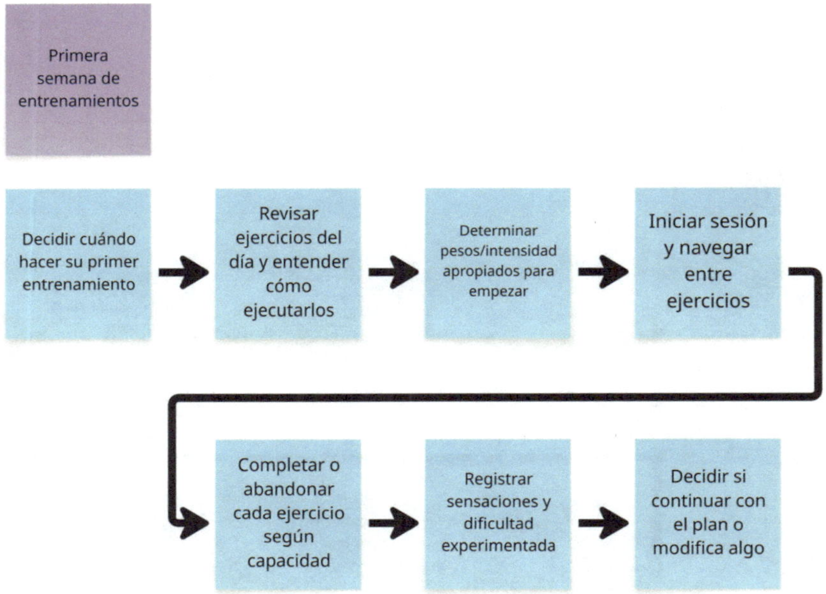

1. Decidir cuándo hacer su primer entrenamiento
2. Revisar ejercicios del día y entender cómo ejecutarlos
3. Determinar pesos/intensidad apropiados para empezar
4. Iniciar sesión y navegar entre ejercicios
5. Completar o abandonar cada ejercicio según capacidad
6. Registrar sensaciones y dificultad experimentada
7. Decidir si continuar con el plan o modifica algo

Establecimiento de rutina (semanas 4-12):

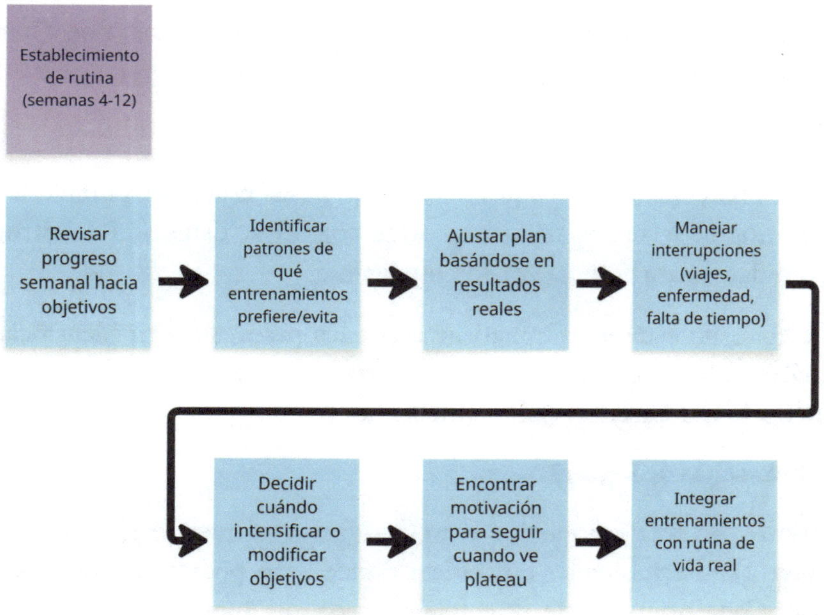

1. Revisar progreso semanal hacia objetivos
2. Identificar patrones de qué entrenamientos prefiere/evita
3. Ajustar plan basándose en resultados reales
4. Manejar interrupciones (viajes, enfermedad, falta de tiempo)
5. Decidir cuándo intensificar o modificar objetivos
6. Encontrar motivación para seguir cuando ve plateau
7. Integrar entrenamientos con rutina de vida real

Tu síntesis como facilitador:

"Perfecto. Ahora vemos exactamente dónde los usuarios toman decisiones complejas, procesan información, o experimentan fricción cognitiva. Cada uno de estos pasos es una oportunidad potencial para IA."

Resultado esperado:

Ahora tenemos un mapa granular de 21 pasos específicos donde los usuarios podrían experimentar carga cognitiva. Estos son nuestros candidatos para automatización inteligente.

La clave no está en automatizar todos los pasos, sino en identificar cuáles se beneficiarían más de la intervención de IA. Esto es exactamente lo que haremos en la siguiente fase.

¿Qué acabas de lograr?

Pasaste de tener un objetivo vago ("agregar IA a nuestro producto") a tener 21 oportunidades específicas donde la IA podría generar valor real. Cada una conecta directamente con tus Input Metrics y, por ende, con tu North Star.

Ahora estás listo para la fase más crítica: identificar dónde exactamente existe fricción cognitiva que vale la pena automatizar.

BREAK (10 MIN)

Hemos avanzado bastante en esta jornada y ya acumulamos varias actividades intensas. Es un buen momento para tomar un descanso de 10 minutos, movernos un poco, hidratarse y desconectar brevemente antes de continuar con el siguiente bloque de trabajo.

FASE 3: ANÁLISIS DE FRICCIÓN COGNITIVA

PASO 3.1: IDENTIFICACIÓN DE FRICCIONES EN PASOS CRÍTICOS (1 HR 40 MIN)

Este framework que llamamos **Mapa de Fricción Cognitiva (MFC)** lo creamos en **Alaimo Labs** a partir de decenas de experiencias con clientes en la búsqueda de oportunidades de incluir IA en sus productos. Después de múltiples iteraciones y refinamientos, llegamos a estas cuatro categorías que capturan la mayoría de situaciones donde la inteligencia artificial puede generar valor real.

¿Para qué analizamos fricciones cognitivas?

Aquí es donde el workshop se vuelve verdaderamente estratégico. No vamos a agregar IA "porque se puede", sino porque hay fricciones cognitivas específicas que están limitando a nuestros usuarios. Cada feature de IA que diseñemos debe resolver una fricción real, medible, y que impacte nuestras Input Metrics.

Como te expliqué en el contexto teórico, una fricción cognitiva es toda tarea que depende del esfuerzo mental, juicio o conocimiento humano que podría automatizarse, estandarizarse o amplificarse mediante IA. Son los cuellos de botella invisibles que afectan la calidad, velocidad y escalabilidad de los procesos.

La mecánica de identificación:

Vamos a analizar cada uno de los 21 pasos específicos que mapeamos en la Fase 2, pero con una lente particular: ¿dónde el procesamiento humano se convierte en un cuello de botella?

Consigna para el equipo:

"Vamos a revisar cada paso de nuestros 3 journeys críticos e identificar dónde los usuarios experimentan carga cognitiva significativa. Para cada paso, van a preguntarse: ¿Qué tipo de esfuerzo mental está requiriendo esto del usuario? ¿Es este esfuerzo el mejor uso de su energía cognitiva?"

Framework de análisis:

Para cada paso crítico, van a identificar el tipo de fricción usando estas cuatro categorías:

1. Puntos de Transformación El usuario actúa como "traductor" entre distintos formatos, contextos o niveles de abstracción, debiendo convertir información que existe en una forma hacia otra forma que necesita para continuar con su tarea. Debe traducir ideas vagas en decisiones concretas y adaptar contenido para distintos contextos.

Ejemplos:

- Convertir una conversación con el médico ("necesitas hacer más ejercicio") en un plan de entrenamiento específico
- Traducir un presupuesto mensual general en decisiones de compra específicas para cada categoría
- Transformar feedback de usuarios ("la app es confusa") en requerimientos técnicos específicos para desarrollo

2. Puntos Limitadores El usuario encuentra los límites naturales de su capacidad cognitiva humana para procesar información o realizar tareas en el tiempo disponible. La tarea es humanamente posible, pero la escala o complejidad excede lo que puede manejar eficientemente porque no puede procesar toda la información disponible, se ve limitado por tiempo, atención o capacidad de análisis, y hay demasiadas opciones para evaluar eficientemente.

Ejemplos:

- Comparar 50 opciones de seguros de auto con 15 variables diferentes para cada uno
- Revisar manualmente 200 CVs para identificar los 5 mejores candidatos
- Monitorear en tiempo real 20 métricas diferentes de rendimiento de una aplicación web

3. Puntos Estandarizadores El usuario introduce variabilidad no deseada en procesos que requieren consistencia, donde su criterio personal, estado de ánimo, o interpretación subjetiva afecta resultados que deberían seguir patrones establecidos. Necesita seguir patrones específicos pero no tiene guía clara, y su criterio personal afecta la calidad del resultado.

Ejemplos:

- Diferentes agentes de soporte respondiendo la misma pregunta con tonos y soluciones completamente distintas
- Docentes calificando ensayos similares con criterios inconsistentes entre evaluadores
- Diseñadores aplicando la guía de marca de manera diferente en cada pieza creativa

4. Puntos Evaluadores El usuario necesita tomar decisiones o hacer juicios que requieren conocimiento especializado, experiencia, o criterio experto que no posee completamente. No es solo falta de información, sino falta de la capacidad de interpretar y aplicar esa información correctamente, debiendo tomar decisiones sin tener todo el conocimiento necesario y requiriendo criterio especializado para evaluar opciones.

Ejemplos:

- Un emprendedor sin formación legal evaluando si un contrato es favorable para su startup
- Padres primerizos decidiendo si los síntomas de su bebé requieren visita médica urgente
- Un Product Manager sin background técnico priorizando deuda técnica vs. nuevas features

Proceso de análisis colaborativo:

Trabajo individual (20 min): Cada participante revisa los 21 pasos y marca aquellos donde identifica fricción cognitiva significativa. Para cada fricción identificada, escriben:

1. El paso específico
2. El tipo de fricción (Transformación, Limitación, Estandarización, Evaluación)
3. Una descripción breve de por qué es problemático

Consolidación grupal (20 min): El equipo arma los journeys en una pared o pizarra digital y, a medida que van presentando las fricciones identificadas, las van ubicando en el paso específico del journey donde aparecen. Se van a ir formando cúmulos naturalmente: mientras más veces aparezcan las fricciones en los mismos pasos, más grandes van a ser los cúmulos.

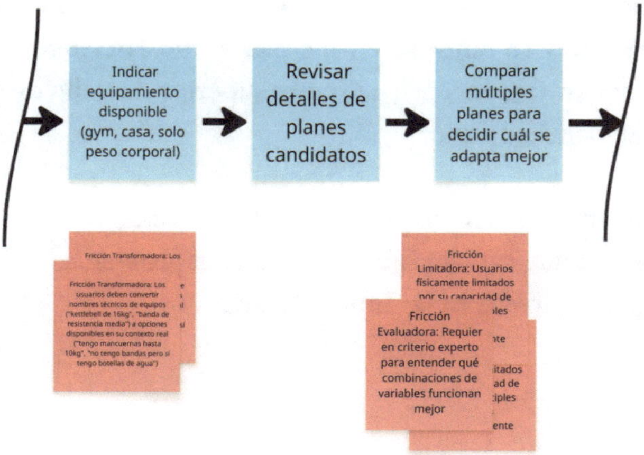

Priorización por impacto (20 min): Evalúan cada paso con fricciónnes usando una matriz de 2x2 según dos criterios:

- ¿Qué tan frecuentemente aparece?
- ¿Qué tanto impacta las Input Metrics?

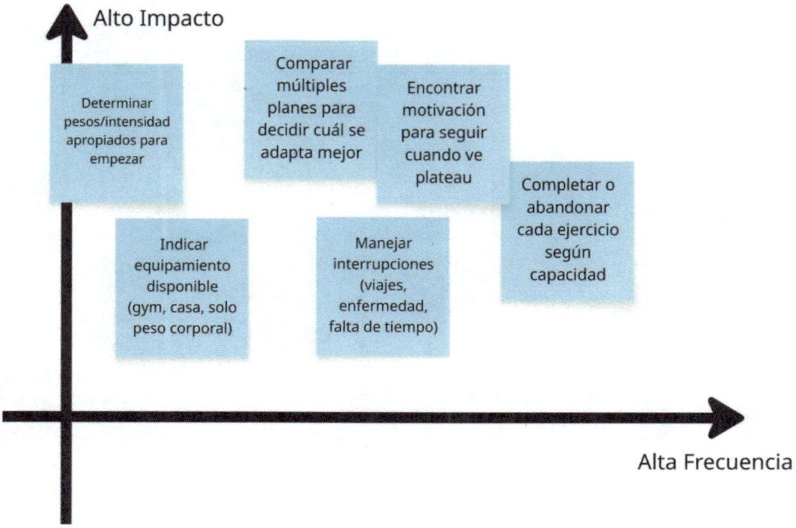

Análisis detallado de pasos prioritarios con fricciones (40 min): Los participantes se enfocan en los pasos con fricciones de mayor impacto y mayor frecuencia (cuadrante superior derecho de la matriz) e identifican para cada uno:

1. El problema específico que generan sus fricciones
2. La métrica que evidencia la existencia del problema
3. El impacto directo en las Input Metrics

Análisis de FitFlow:

Después de este ejercicio, el equipo de FitFlow identifica estas fricciones críticas:

<u>Creación de plan personalizado:</u>

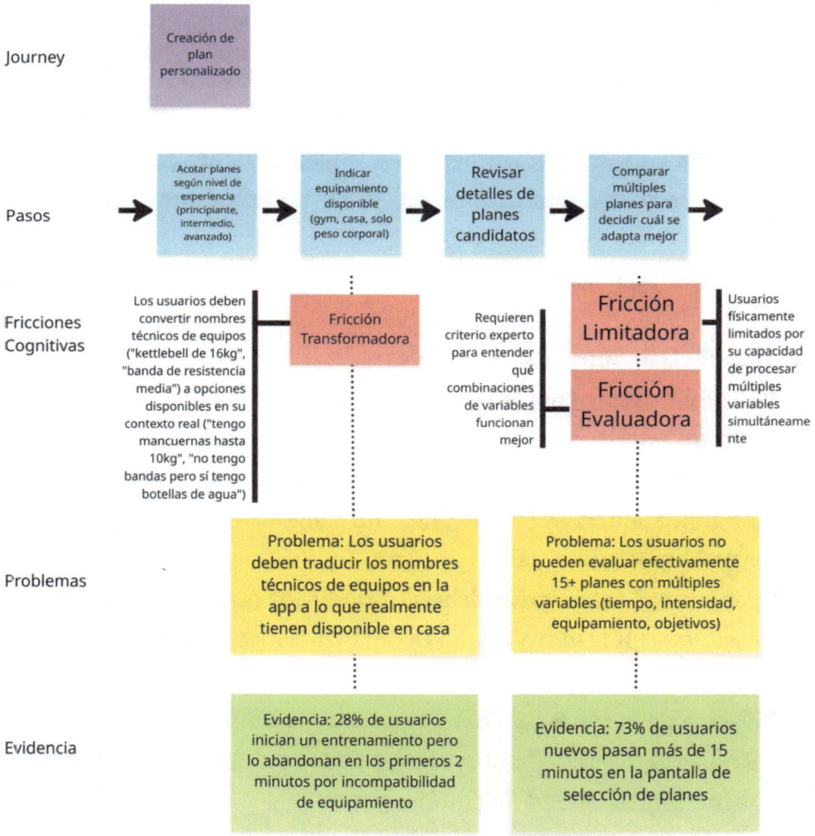

Paso: "Comparar múltiples planes para decidir cuál se adapta mejor"

- **Tipo de fricción:** Limitadora + Evaluadora
- **Por qué Limitadora:** Los usuarios están físicamente limitados por su capacidad de procesar múltiples variables

simultáneamente (tiempo, intensidad, equipamiento, objetivos) sin verse abrumados
- **Por qué Evaluadora:** Requieren criterio experto para entender qué combinaciones de variables funcionan mejor para diferentes perfiles y objetivos de fitness
- **Problema:** Los usuarios no pueden evaluar efectivamente 15+ planes con múltiples variables (tiempo, intensidad, equipamiento, objetivos)
- **Métrica de evidencia:** 73% de usuarios nuevos pasan más de 15 minutos en la pantalla de selección de planes
- **Impacto en métrica:** Aumenta significativamente el "Tiempo promedio para encontrar y seleccionar un entrenamiento"

Paso: "Indicar equipamiento disponible"

- **Tipo de fricción:** Transformadora
- **Por qué Transformadora:** Los usuarios deben convertir nombres técnicos de equipos ("kettlebell de 16kg", "banda de resistencia media") a opciones disponibles en su contexto real ("tengo mancuernas hasta 10kg", "no tengo bandas pero sí tengo botellas de agua")
- **Problema:** Los usuarios deben traducir los nombres técnicos de equipos en la app a lo que realmente tienen disponible en casa
- **Métrica de evidencia:** 28% de usuarios inician un entrenamiento pero lo abandonan en los primeros 2 minutos por incompatibilidad de equipamiento
- **Impacto en métrica:** Afecta "Tasa de inicio de sesiones" cuando descubren que no pueden hacer el entrenamiento

Primera semana de entrenamientos:

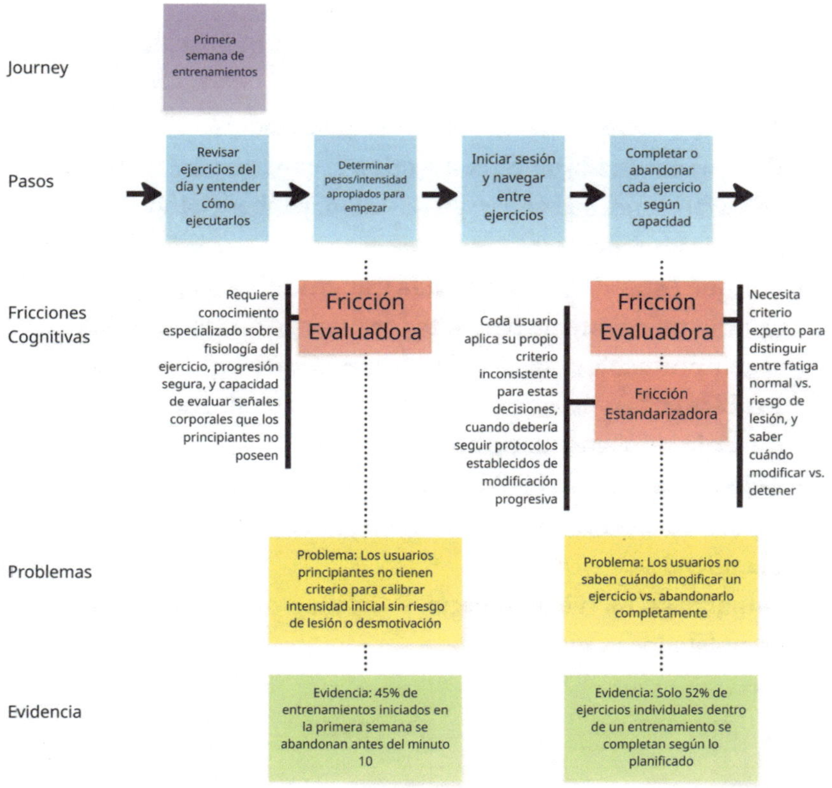

Paso: "Determinar pesos/intensidad apropiados para empezar"

- **Tipo de fricción:** Evaluadora
- **Por qué Evaluadora:** Requiere conocimiento especializado sobre fisiología del ejercicio, progresión segura, y capacidad de evaluar señales corporales que los principiantes no poseen
- **Problema:** Los usuarios principiantes no tienen criterio para calibrar intensidad inicial y evolución sin riesgo de lesión o desmotivación
- **Métrica de evidencia:** 45% de entrenamientos iniciados en la primera semana se abandonan antes del minuto 10

- **Impacto en métrica:** Afecta directamente "Porcentaje de entrenamientos completados vs iniciados"

Paso: "Completa o abandona cada ejercicio según capacidad"

- **Tipo de fricción:** Evaluadora + Estandarizadora
- **Por qué Evaluadora:** Necesita criterio experto para distinguir entre fatiga normal vs. riesgo de lesión, y saber cuándo modificar vs. detener
- **Por qué Estandarizadora:** Cada usuario aplica su propio criterio inconsistente para estas decisiones, cuando debería seguir protocolos establecidos de modificación progresiva
- **Problema:** Los usuarios no saben cuándo modificar un ejercicio vs. abandonarlo completamente
- **Métrica de evidencia:** Solo 52% de ejercicios individuales dentro de un entrenamiento se completan según lo planificado
- **Impacto en métrica:** Impacta "Porcentaje de entrenamientos completados vs iniciados"

Establecimiento de rutina:

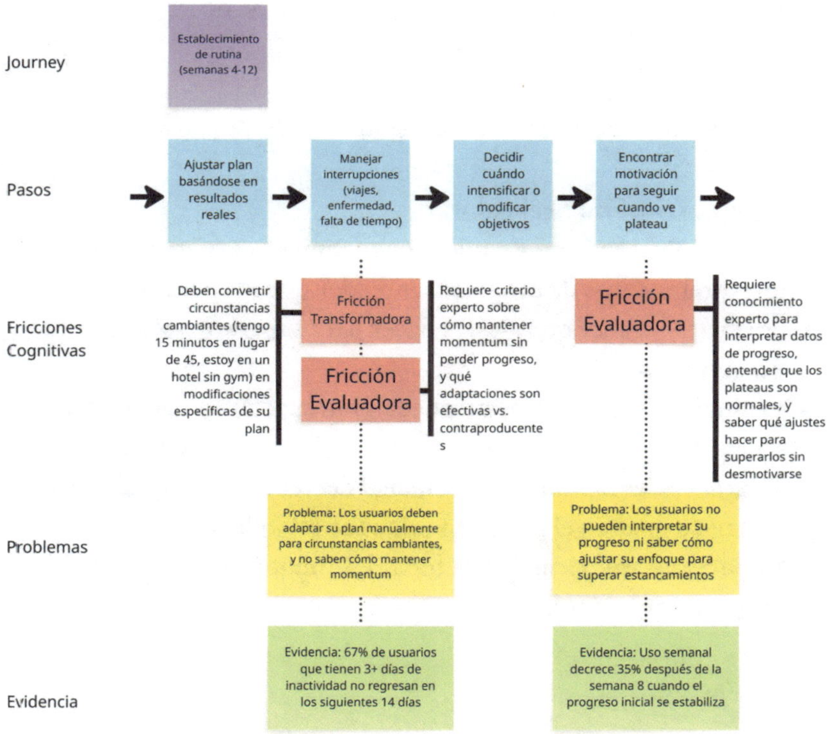

Paso: "Manejar interrupciones (viajes, enfermedad, falta de tiempo)"

- **Tipo de fricción:** Transformadora + Evaluadora
- **Por qué Transformadora:** Deben convertir circunstancias cambiantes (tengo 15 minutos en lugar de 45, estoy en un hotel sin gym) en modificaciones específicas de su plan
- **Por qué Evaluadora:** Requiere criterio experto sobre cómo mantener momentum sin perder progreso, y qué adaptaciones son efectivas vs. contraproducentes
- **Problema:** Los usuarios deben adaptar su plan manualmente para circunstancias cambiantes, y no saben cómo mantener momentum

- **Métrica de evidencia:** 67% de usuarios que tienen 3+ días de inactividad no regresan en los siguientes 14 días
- **Impacto en métrica:** Crítico para "Frecuencia de regreso después de días sin actividad"

Paso: "Encontrar motivación para seguir cuando ve plateau"

- **Tipo de fricción:** Evaluadora
- **Por qué Evaluadora:** Requiere conocimiento experto para interpretar datos de progreso, entender que los plateaus son normales, y saber qué ajustes hacer para superarlos sin desmotivarse
- **Problema:** Los usuarios no pueden interpretar su progreso ni saber cómo ajustar su enfoque para superar estancamientos
- **Métrica de evidencia:** Uso semanal decrece 35% después de la semana 8 cuando el progreso inicial se estabiliza
- **Impacto en métrica:** Afecta todas las Input Metrics cuando los usuarios se desmotivan

Tu facilitación:

"Veo patrones interesantes. La mayoría de fricciones están en dos categorías: Evaluadoras (usuarios necesitando criterio experto que no tienen) y Transformadoras (usuarios traduciendo información compleja en decisiones personales). Cada tipo de fricción cognitiva representa una oportunidad donde la IA puede aportar valor de diferentes maneras."

PASO 3.2: MAPEO DE OPORTUNIDADES ESPECÍFICAS DE IA (10 MIN)

¿Para qué este ejercicio?

Ahora que identificamos dónde hay fricción cognitiva, necesitamos convertir cada fricción en una oportunidad específica de IA. No se trata de "agregar IA en general", sino de diseñar intervenciones precisas que resuelvan problemas específicos.

La mecánica:

Para cada fricción identificada, vamos a formular una oportunidad usando el framework HMW (How Might We / Cómo Podríamos).

Consigna para el equipo:

"Para cada fricción que priorizamos, vamos a formular una pregunta de oportunidad: '¿Cómo podríamos usar IA para...?' que nos permita convertir cada problema identificado en una oportunidad específica de mejora."

Estructura HMW:

> ¿Cómo podríamos usar IA para [reducir/eliminar/resolver] [fricción específica] de manera que [resultado esperado]?

Oportunidades identificadas por FitFlow:

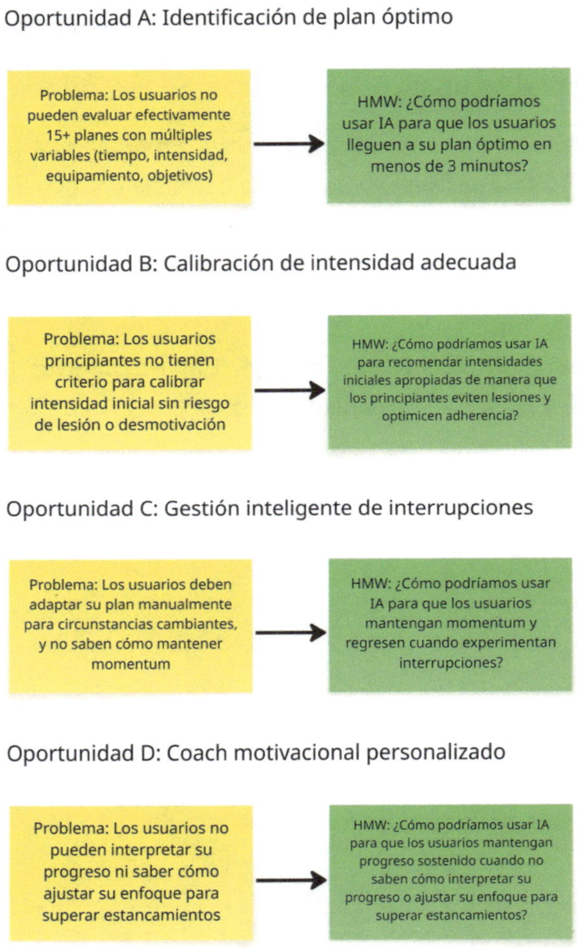

Oportunidad A: Identificación de plan óptimo

Problema identificado: Los usuarios no pueden evaluar efectivamente 15+ planes con múltiples variables (tiempo, intensidad, equipamiento, objetivos)

HMW: ¿Cómo podríamos usar IA para que los usuarios lleguen a su plan óptimo en menos de 3 minutos?

Tipo de fricción: Limitadora + Evaluadora

<u>Oportunidad B: Calibración de intensidad adecuada</u>

Problema identificado: Los usuarios principiantes no tienen criterio para calibrar intensidad inicial y evolución sin riesgo de lesión o desmotivación

HMW: ¿Cómo podríamos usar IA para recomendar intensidades iniciales apropiadas de manera que los principiantes eviten lesiones y optimicen adherencia?

Tipo de fricción: Evaluadora

<u>Oportunidad C: Gestión inteligente de interrupciones</u>

Problema identificado: Los usuarios deben adaptar su plan manualmente para circunstancias cambiantes, y no saben cómo mantener momentum

HMW: ¿Cómo podríamos usar IA para que los usuarios mantengan momentum y regresen cuando experimentan interrupciones?

Tipo de fricción: Transformadora + Evaluadora

<u>Oportunidad D: Coach motivacional personalizado</u>

Problema identificado: Los usuarios no pueden interpretar su progreso ni saber cómo ajustar su enfoque para superar estancamientos

HMW: ¿Cómo podríamos usar IA para que los usuarios mantengan progreso sostenido cuando no saben cómo interpretar su progreso o ajustar su enfoque para superar estancamientos?

Tipo de fricción: Evaluadora

Validación de alineamiento estratégico:

Tu pregunta como facilitador: *"Para cada oportunidad, validemos: ¿Cómo impactaría específicamente nuestras Input Metrics? ¿Cuál esperamos que tenga mayor impacto en nuestro North Star?"*

Validación del equipo:

Oportunidad A (Identificación de plan óptimo):

- Impacta directamente: "Tiempo promedio para encontrar y seleccionar un entrenamiento"
- Impacto secundario: "Tasa de inicio de sesiones" (más confianza en la selección)

Oportunidad B (Calibración de intensidad adecuada):

- Impacta directamente: "Porcentaje de entrenamientos completados vs iniciados"
- Impacto secundario: "Frecuencia de regreso después de días sin actividad"

Oportunidad C (Gestión inteligente de interrupciones):

- Impacta directamente: "Frecuencia de regreso después de días sin actividad"
- Es la más crítica para el North Star a largo plazo

Oportunidad D (Coach motivacional personalizado):

- Impacta todas las Input Metrics, pero de manera más sutil
- Efecto compuesto a largo plazo

Priorización inicial:

El equipo realiza una votación por puntos (cada persona tiene 5 votos para distribuir) y finalmente el decisor tiene la palabra final sobre la priorización. Puede tener en cuenta las votaciones o no.

En nuestro ejemplo, el equipo de FitFlow escogió las siguientes oportunidades:

1. **Gestión inteligente de interrupciones (15 votos):** Mayor impacto en North Star
2. **Calibración de intensidad adecuada (12 votos):** Problema inmediato y crítico
3. **Identificación de plan óptimo (8 votos):** Resuelve fricción inicial importante
4. **Coach motivacional personalizado (5 votos):** Valioso pero menos urgente

Resultado de la fase:

Ahora tenemos 4 oportunidades específicas de IA, cada una conectada directamente con fricciones cognitivas reales y alineadas con nuestras Input Metrics. Sabemos exactamente qué problema resuelve cada una y qué nivel de automatización buscamos.

Tu síntesis como facilitador:

"Excelente trabajo. Pasamos de 'queremos agregar IA' a tener 4 oportunidades específicas, priorizadas estratégicamente, con un entendimiento claro de qué fricciones resuelven y cómo impactan nuestras métricas. Esto es exactamente lo que necesitamos para tomar decisiones estratégicas fundamentadas."

¿Qué acabas de lograr?

Transformaste observaciones vagas sobre "dónde podríamos usar IA" en oportunidades específicas, medibles, y estratégicamente alineadas. Cada oportunidad tiene:

- Una fricción cognitiva específica que resuelve
- Un nivel de automatización claramente definido
- Una conexión directa con Input Metrics
- Una justificación estratégica para la priorización

Ahora estás listo para la fase más concreta: diseñar cómo funcionarían específicamente estas intervenciones de IA.

DÍA 3

DISEÑAR SOLUCIONES

Este tercer día marca el paso decisivo de la estrategia a la acción: aquí diseñaremos las soluciones concretas de IA que moverán tus métricas. Arrancaremos fijando el grado exacto de automatización con el A-Dial, para que cada oportunidad tenga el equilibrio justo entre control humano y potencia algorítmica. Luego idearemos varias alternativas de producto que respeten ese nivel, las evaluaremos por impacto, complejidad y adopción, y priorizaremos las ganadoras en un roadmap de implementación realista respaldado por métricas de validación claras.

Al finalizar la jornada saldrás con un menú de features de IA viables, priorizados y listos para pasar a desarrollo, asegurando que cada línea de código aporte valor medible a tu North Star.

AGENDA DEL DÍA 3

Durante la sesión de tres horas correspondiente al tercer día, enfocaremos nuestro trabajo en ejecutar las actividades descritas a continuación:

- **Fase 4: Diseño de Soluciones de IA (1 hr 20 min)**
  - Paso 4.1: Definición del nivel de A-Dial para cada oportunidad (30 min)
  - Paso 4.2: Diseño de soluciones especificas (50 min)
- **Break (10 min)**
- **Fase 5: Validación y Planificación (1 hr 30 min)**
  - Paso 5.1: Priorización de soluciones por impacto (30 min)
  - Paso 5.2: Definición de métricas de validación (20 min)
  - Paso 5.3: Planificación temporal y creación de Roadmap (40 min)
    - Trabajo grupal (10 min)
    - Evaluación de capacidad de equipo (10 min)
    - Roadmap estratégico resultante (20 min)

FASE 4: DISEÑO DE SOLUCIONES DE IA

PASO 4.1: DEFINICIÓN DEL NIVEL DE A-DIAL PARA CADA OPORTUNIDAD (30 MIN)

¿Para qué definir el nivel A-Dial?

Antes de imaginar soluciones específicas, necesitamos decidir qué nivel de intervención buscamos para cada oportunidad. El **A-Dial** es un framework que creamos en **Alaimo Labs** que nos ayuda a encontrar el punto óptimo entre automatización y control humano para cada contexto específico.

El **A-Dial** funciona como una perilla graduada del 0% al 100%, donde cada nivel representa un grado diferente de automatización. Este framework nos permite decidir conscientemente qué tanto control queremos que tenga la IA vs. el usuario para cada situación específica.

Asistir (10%-30%): La IA como asistente inteligente

En este nivel, la IA ofrece ayuda puntual: sugerencias, ejemplos, plantillas. El humano mantiene el control total de la decisión final. Es como tener un asistente muy bien informado que te acerca opciones cuando las necesitas.

- **10%** - La IA te asiste solo si se lo pides explícitamente
- **20%** - La IA te avisa que te puede asistir
- **30%** - La IA te asiste proactivamente y te avisa que te está asistiendo

Ejemplos:

- **10%**: Un editor de texto que sugiere mejoras de redacción cuando seleccionas un texto y haces click en "mejorar" en el menú contextual
- **20%**: Un editor de texto que subraya lo que escribes, notificándote que tiene sugerencias disponibles
- **30%**: Un editor de texto que muestra las mejoras disponibles a medida que escribes para que, si quieres, las aceptes

Aumentar (40%-60%): La IA con mayor autonomía

La IA toma mayor nivel de autonomía e intervención, aunque sigue dejando la puerta abierta a las decisiones del humano, quien interviene en momentos puntuales. Aquí comienza a aparecer el concepto de "HITL" (Human in the Loop).

- **40%** - La IA propone borradores que el humano decide usar
- **50%** - La IA realiza ajustes para que sean aprobados por el humano
- **60%** - La IA ajusta cosas y da un tiempo prudencial para que el humano revise y anule

Ejemplos:

- **40%**: La IA lee el último artículo del blog de la empresa y propone 5 posts diferentes para LinkedIn con hooks distintos. El content manager selecciona el que más le convence y lo publica

- **50%**: La IA evalúa automáticamente las aplicaciones para una posición, asigna scoring y las categoriza (entrevistar, rechazar, revisar manualmente). El recruiter puede cambiar cualquier clasificación antes de proceder
- **60%**: La IA detecta señales de riesgo de cancelación en un cliente, automáticamente agenda una call de retención y programa un descuento preventivo. El CSM tiene 24 horas para cancelar cualquier acción antes de que llegue al cliente

Automatizar (80%-100%): La IA con control total

La IA resuelve la tarea completa automáticamente, con mínima intervención humana. El sistema toma decisiones y ejecuta acciones de forma independiente.

- **80%** - La IA lo hace automáticamente y te avisa siempre
- **90%** - La IA lo hace automáticamente y te avisa solo si lo considera necesario
- **100%** - La IA lo hace automáticamente y no te enteras

Ejemplos:

- **80%**: La IA analiza cada transacción en tiempo real, bloquea automáticamente pagos sospechosos y reembolsa cargos fraudulentos. El fraud manager recibe alertas de cada acción, pero todo ya se ejecutó
- **90%**: La IA optimiza automáticamente todas las rutas de delivery considerando tráfico en tiempo real. Solo notifica al dispatch manager cuando detecta retrasos significativos (>30 min)
- **100%**: La IA personaliza automáticamente cada página web que ve cada usuario: reordena productos, ajusta precios, modifica textos basándose en el perfil de comportamientos del visitante. El usuario ve "su versión" sin saber que está siendo personalizada

La mecánica de decisión:

Entonces, para cada oportunidad priorizada, vamos a evaluar qué nivel de A-Dial es más apropiado considerando cuatro factores:

1. Criticidad de la decisión:

¿Qué tan importante es que el usuario mantenga control?

2. Tolerancia al error:

¿Cuánto daño puede causar una decisión incorrecta de la IA?

3. Complejidad del contexto:

¿Qué tan variables son las situaciones que debe manejar?

4. Experiencia del usuario:

¿Cuánto conocimiento tiene el usuario del dominio?

Consigna para el equipo:

"Para cada una de nuestras 4 oportunidades priorizadas, vamos a definir qué nivel de intervención de IA buscamos. Trabajaremos en dos grupos: el Grupo A toma las primeras 2 oportunidades, el Grupo B toma las últimas 2. Tienen 20 minutos para decidir el nivel A-Dial y justificar su elección. NO vamos a pensar en soluciones específicas todavía, solo en el nivel de automatización apropiado. Después cada grupo presentará sus decisiones al otro grupo durante 10 minutos, recibirán feedback, y el decisor tomará las decisiones finales informadas."

Proceso de trabajo:

- **16 min**: Los grupos trabajan por separado en sus oportunidades asignadas
- 7 **min**: Grupo A presenta Oportunidades 1 y 2, recibe feedback del Grupo B
- 7 **min**: Grupo B presenta Oportunidades 3 y 4, recibe feedback del Grupo A

- **Decisión final**: El decisor (CEO/VP de Producto/Product Manager/Product Owner) toma las decisiones finales considerando el trabajo de ambos grupos y el feedback cruzado

Análisis del equipo FitFlow:

Una vez concluida la ronda de presentación, feedback y decisión, estos son los niveles de A-Dial y sus justificaciones:

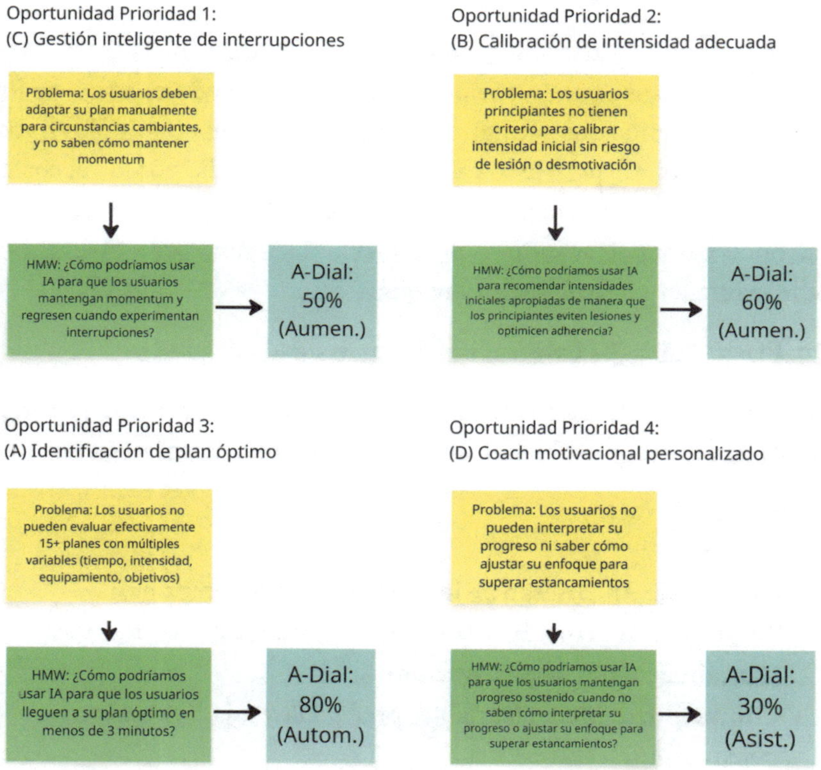

<u>Op. Prioridad 1: (C) Gestión inteligente de interrupciones</u>

Problema: Los usuarios deben adaptar su plan manualmente para circunstancias cambiantes y no saben cómo mantener momentum

Evaluación de factores:

- **Criticidad**: Media-Alta (afecta continuidad del hábito)
- **Tolerancia al error**: Media (una mala sugerencia no causa daño físico, pero puede afectar motivación)
- **Complejidad**: Alta (muchas variables: tipo de interrupción, duración, contexto personal)
- **Experiencia del usuario**: Baja (principiantes no saben cómo adaptar planes)

Decisión A-Dial del equipo: 50% (Aumentar)

Justificación: Esta fricción requiere que la IA tome iniciativa proactiva porque los usuarios principiantes no saben cuándo ni cómo pedir ayuda para adaptar sus rutinas. La complejidad es alta (múltiples tipos de interrupciones), pero la tolerancia al error es media porque el costo de una mala recomendación no es grave. La IA puede detectar patrones automáticamente y proponer soluciones, pero el usuario debe mantener control final sobre qué acepta.

<u>Op. Prioridad 2: (B) Calibración de intensidad adecuada</u>

Problema: Los usuarios principiantes no tienen criterio para calibrar intensidad inicial y evolución sin riesgo de lesión o desmotivación

Evaluación de factores:

- **Criticidad**: Alta (riesgo de lesión o abandono temprano)
- **Tolerancia al error**: Baja (sobreestimar puede causar lesiones, subestimar causa desmotivación)
- **Complejidad**: Media (variables predecibles: edad, experiencia, objetivos)
- **Experiencia del usuario**: Muy baja (principiantes por definición)

Decisión A-Dial del equipo: 60% (Aumentar)

Justificación: La seguridad es crítica y los principiantes no tienen criterio para evaluar intensidad apropiada. La IA debe tomar control proactivo de las calibraciones, pero el usuario necesita poder modificar si siente que algo no está bien. La baja tolerancia al error requiere que la IA sea conservadora inicialmente y se ajuste basándose en feedback real del usuario.

Op. Prioridad 3: (A) Identificación de plan óptimo

Problema: Los usuarios no pueden evaluar efectivamente 15+ planes con múltiples variables (tiempo, intensidad, equipamiento, objetivos)

Evaluación de factores:

- **Criticidad**: Media (una mala selección inicial se puede cambiar después)
- **Tolerancia al error**: Alta (es fácil cambiar de plan si no funciona)
- **Complejidad**: Alta (múltiples variables interrelacionadas)
- **Experiencia del usuario**: Baja (no saben qué combinaciones funcionan mejor)

Decisión A-Dial del equipo: 80% (Automatizar)

Justificación: Esta es una fricción limitadora pura donde la IA puede ser más efectiva que el humano analizando múltiples variables objetivas. El costo de error es bajo porque cambiar de plan es fácil. Los usuarios no pierden nada valioso si la IA automatiza esta decisión, y ganan velocidad y precisión en la selección.

Op. Prioridad 4: (D) Coach motivacional personalizado

Problema: Los usuarios no pueden interpretar su progreso ni saber cómo ajustar su enfoque para superar estancamientos

Evaluación de factores:

- **Criticidad**: Media (afecta motivación a largo plazo)
- **Tolerancia al error**: Media-Alta (consejos motivacionales incorrectos no causan daño grave)

- **Complejidad**: Muy alta (factores emocionales, psicológicos, y físicos)
- **Experiencia del usuario**: Variable (algunos entienden su progreso, otros no)

Decisión A-Dial del equipo: 30% (Asistir)

Justificación: El coaching motivacional tiene una dimensión emocional y psicológica muy personal que es difícil de automatizar sin riesgo de sentirse robótico o inapropiado. La alta complejidad del contexto humano requiere que la IA se limite a ofrecer insights y sugerencias que el usuario puede tomar o dejar según su criterio personal.

Tu facilitación como resultado de esta fase:

"Excelente trabajo. El proceso de presentación cruzada y feedback entre grupos enriqueció mucho las decisiones. Observo que el decisor consideró tanto el análisis inicial como los cuestionamientos del otro grupo para llegar a decisiones más fundamentadas. Ahora tenemos claridad sobre el nivel de automatización que buscamos para cada oportunidad, con decisiones que fueron validadas por todo el equipo."

PASO 4.2: DISEÑO DE SOLUCIONES ESPECIFICAS (50 MIN)

¿Para qué diseñar soluciones específicas?

Ahora que sabemos QUÉ nivel de automatización buscamos, necesitamos imaginar CÓMO funcionaría específicamente cada intervención de IA. Cada nivel de A-Dial requiere diferentes tipos de soluciones tecnológicas y experiencias de usuario.

La mecánica de ideación:

Para cada oportunidad y su nivel A-Dial definido, vamos a generar 2-3 soluciones específicas que respeten ese nivel de automatización y resuelvan la fricción cognitiva identificada.

Una técnica muy útil para esta fase es buscar inspiración en cómo otras apps, productos o competidores utilizan IA para resolver problemas similares, aunque sea en contextos diferentes. Esta técnica está inspirada en las *Lightning Demos* que incorpora el proceso de *Design Sprint*[1]. Esto nos ayuda a identificar patrones y soluciones probadas que podemos adaptar a nuestro contexto específico.

Consigna para el equipo:

"Ahora vamos a idear soluciones específicas. Mantengan los mismos grupos: el Grupo A trabajará en las mismas 2 oportunidades que analizaron antes, el Grupo B hará lo mismo con sus 2 oportunidades. Para cada oportunidad, generen 2-3 ideas de cómo funcionaría específicamente la IA en el nivel A-Dial que eligieron. Piensen en la experiencia concreta del usuario: ¿cuándo interviene la IA?, ¿cómo se presenta la información?, ¿qué puede modificar el usuario?

Para inspirarse, consideren cómo otros productos que usan habitualmente resuelven problemas similares con IA: ¿cómo Netflix recomienda contenido?, ¿cómo Spotify adapta playlists?, ¿cómo Google Maps maneja interrupciones de ruta?, ¿cómo Grammarly sugiere mejoras? Busquen patrones que puedan adaptar a su contexto.

Tienen 40 minutos para idear y 10 minutos para presentar sus soluciones al grupo completo."

Soluciones generadas por FitFlow:

A continuación presentamos las 12 soluciones específicas que idearon los grupos de FitFlow. Cada solución respeta el nivel A-Dial estratégicamente elegido y está diseñada para resolver la fricción cognitiva específica identificada. Observa cómo cada grupo se inspiró en patrones de productos conocidos para crear experiencias de IA familiares pero adaptadas al contexto de fitness.

---

1. Knapp, J., Zeratsky, J., Kowitz, B. (2016), *Sprint: How to Solve Big Problems and Test New Ideas in Just Five Days*, Simon & Schuster

Op. P1: Gestión inteligente de interrupciones (A-Dial 50%)

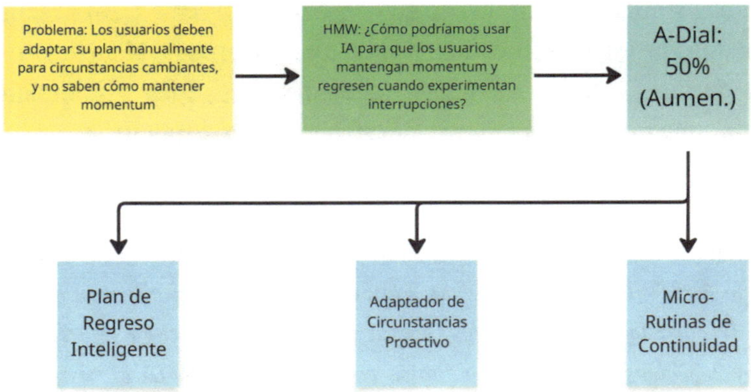

Soluciones generadas:

1. **Plan de Regreso Inteligente**: La IA detecta automáticamente 3+ días de inactividad, analiza la rutina previa y las razones de pausa (si el usuario las compartió), y envía una notificación con un plan de regreso personalizado de 7 días con intensidad reducida. El usuario ve la propuesta completa y puede aceptarla, modificarla, o rechazarla.
2. **Adaptador de Circunstancias Proactivo**: Cuando el usuario reporta que estará fuera de su entorno normal (viaje, horario diferente), la IA genera automáticamente 3 versiones adaptadas de su rutina actual: una versión de 15 minutos, una de peso corporal, y una de equipamiento mínimo. Se presentan como opciones que el usuario puede activar con un tap.
3. **Micro-Rutinas de Continuidad**: Durante interrupciones largas (enfermedad, viajes extendidos), la IA propone automáticamente micro-entrenamientos de 5-10 minutos enfocados en mantener la conexión con el hábito. El usuario recibe estas propuestas y decide cuándo activarlas.

Op. P2: Calibración de intensidad adecuada (A-Dial 60%)

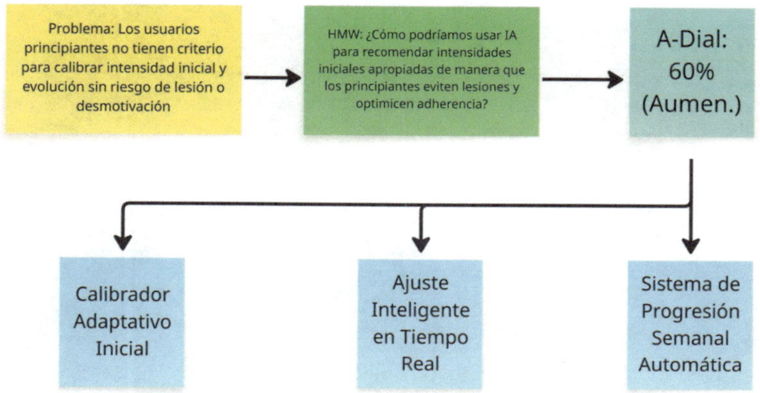

Soluciones generadas:

1. **Calibrador Adaptativo Inicial**: Durante las primeras dos semanas, la IA establece intensidades automáticamente comenzando conservadoramente (70% de la estimación inicial) y las ajusta cada sesión basándose en el feedback del usuario. Los ajustes se aplican automáticamente, pero el usuario puede modificar manualmente si siente que no es apropiado.
2. **Ajuste Inteligente en Tiempo Real**: La IA monitorea señales durante el entrenamiento (tiempo entre ejercicios, pausas largas) y hace modificaciones automáticas en vivo: "He ajustado las próximas repeticiones de 15 a 12 basándome en tu ritmo actual". El usuario puede aceptar el cambio o mantener la intensidad original.
3. **Sistema de Progresión Semanal Automática**: Cada domingo, la IA analiza la performance de la semana y ajusta automáticamente las intensidades para la próxima semana. Los cambios se implementan automáticamente, pero el usuario recibe un resumen de qué se modificó y por qué, con opción de revertir cambios específicos.

Op. P3: Identificación del plan óptimo (A-Dial 80%)

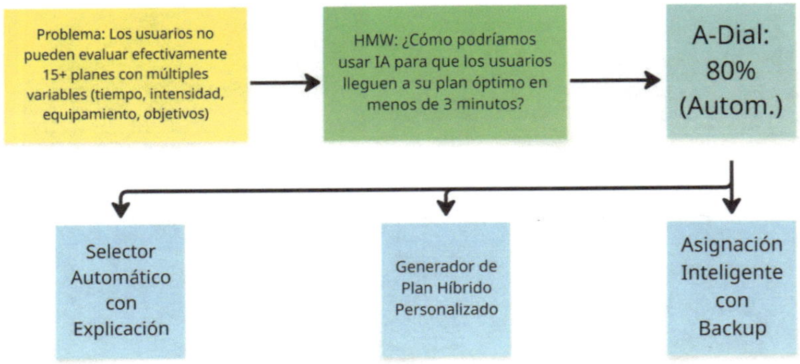

Soluciones generadas:

1. **Selector Automático con Explicación**: Después de un onboarding de 3 minutos, la IA asigna automáticamente el plan más adecuado y lo activa inmediatamente. El usuario ve por qué fue seleccionado y puede cambiarlo si no está convencido, pero el default ya está funcionando.
2. **Generador de Plan Híbrido Personalizado**: En lugar de elegir entre planes predefinidos, la IA genera automáticamente un plan único combinando elementos de diferentes templates basándose en el perfil del usuario. El plan se activa inmediatamente pero se puede modificar después.
3. **Asignación Inteligente con Backup**: La IA asigna automáticamente el plan principal y también prepara 2 planes alternativos en caso de que el primero no funcione. Si el usuario abandona entrenamientos 3 veces en la primera semana, automáticamente migra al plan backup más apropiado.

Op. P4: Coach motivacional personalizado (A-Dial 30%)

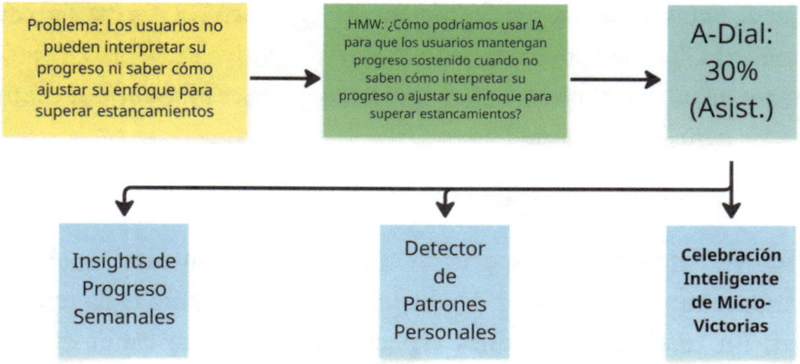

Soluciones generadas:

1. **Insights de Progreso Semanales**: Cada viernes, la IA genera un reporte personalizado mostrando 2-3 logros específicos de la semana (incluso en semanas "difíciles") y 1 área de oportunidad con sugerencia concreta. El usuario decide si quiere implementar las sugerencias.
2. **Detector de Patrones Personales**: La IA identifica automáticamente qué días, horarios, y tipos de entrenamiento funcionan mejor para cada usuario, y comparte estos insights en formato de notificaciones opt-in: "Hemos notado que tus mejores entrenamientos son los martes por la mañana".
3. **Celebración Inteligente de Micro-Victorias**: Un sistema que reconoce automáticamente logros no obvios (primera vez completando una rutina, mejora de tiempos, constancia) y los destaca a través de notificaciones celebratorias personalizadas que el usuario puede configurar.

Tu facilitación como resultado de esta fase:

"Perfecto. Ahora tenemos 12 soluciones específicas de IA que respetan los niveles de automatización que definimos estratégicamente. Observo que cada solución está diseñada para resolver la fricción cognitiva específica que identificamos, mantiene el nivel A-Dial apropiado, y ofrece al usuario el control adecuado para cada contexto."

Resultado de la fase completa:

Tienes 4 oportunidades específicas, cada una con un nivel de A-Dial estratégicamente definido, y 3 soluciones concretas para cada oportunidad. En total, 12 soluciones específicas de IA que están directamente conectadas con fricciones cognitivas reales y alineadas estratégicamente con las Input Metrics.

¿Qué acabas de lograr?

Pasaste de "queremos agregar IA" a tener un menú específico de 12 soluciones de IA con niveles de automatización claramente justificados. Cada solución:

- Resuelve una fricción cognitiva específica
- Respeta el nivel de automatización estratégicamente elegido
- Está conectada directamente con Input Metrics medibles
- Incluye la experiencia específica del usuario
- Mantiene el balance apropiado entre automatización y control humano

Ahora estás listo para la fase siguiente: validar estas soluciones y crear un plan de implementación realista.

BREAK (10 MIN)

Llevamos un buen ritmo y hemos cubierto contenido clave hasta ahora. Te propongo hacer una pausa de 10 minutos para despejar la mente, estirar las piernas y regresar con energía renovada para seguir aprovechando al máximo esta sesión.

FASE 5: VALIDACIÓN Y PLANIFICACIÓN

PASO 5.1: PRIORIZACIÓN DE SOLUCIONES POR IMPACTO (30 MIN)

¿Para qué priorizar entre las 12 soluciones?

Tienes 12 soluciones específicas, pero no puedes implementarlas todas al mismo tiempo. Necesitas ordenarlas estratégicamente para maximizar el impacto en tus Input Metrics y North Star, considerando tanto el valor para el usuario como la viabilidad técnica y de negocio.

Esta no es una decisión puramente técnica. Es una decisión estratégica sobre dónde concentrar recursos limitados para generar el mayor avance hacia tus objetivos.

La mecánica de evaluación:

Vamos a evaluar cada una de las 12 soluciones usando una matriz de impacto que combina tres dimensiones críticas:

1. **Impacto en Input Metrics** (¿qué tanto mueve las métricas que importan?)

2. **Complejidad de implementación** (¿qué tan difícil es de construir?)
3. **Riesgo de adopción** (¿qué probabilidad hay de que los usuarios realmente lo usen?)

Consigna para el equipo:

"Vamos a evaluar nuestras 12 soluciones usando una matriz de decisión. Cada solución recibirá una puntuación de 1 a 5 en tres dimensiones. Trabajaremos en grupos mixtos: vamos a reorganizar los equipos para que cada grupo tenga representantes de producto, tech, y negocio. Cada grupo evaluará 6 soluciones."

Framework de evaluación:

Impacto en Input Metrics (1-5):

- 5: Muy alto impacto - Mueve directamente múltiples Input Metrics
- 4: Alto impacto - Mueve significativamente 1-2 Input Metrics
- 3: Impacto medio - Mejora moderada en Input Metrics
- 2: Bajo impacto - Mejora sutil en Input Metrics
- 1: Muy bajo impacto - Conexión débil con Input Metrics

Complejidad de implementación (1-5, donde 5 es menos complejo):

- 5: Muy simple - Implementación en 2-4 semanas con tecnología existente
- 4: Simple - Implementación en 1-2 meses, requiere desarrollo menor
- 3: Moderada - Implementación en 2-4 meses, requiere nuevas capacidades
- 2: Compleja - Implementación en 4-6 meses, requiere infraestructura nueva
- 1: Muy compleja - Implementación en 6+ meses, requiere investigación

Riesgo de adopción (1-5, donde 5 es menor riesgo):

- 5: Muy bajo riesgo - Mejora transparente de experiencia existente
- 4: Bajo riesgo - Cambio menor en comportamiento del usuario
- 3: Riesgo medio - Requiere que los usuarios aprendan nuevo comportamiento
- 2: Alto riesgo - Cambio significativo en cómo los usuarios usan el producto
- 1: Muy alto riesgo - Revolución en la experiencia, resistencia probable

Proceso de evaluación colaborativa:

- **Trabajo en grupos (20 min):** Cada grupo evalúa 6 soluciones asignadas, discute cada puntuación hasta llegar a consenso interno
- **Presentación cruzada (10 min):** Cada grupo presenta sus evaluaciones al otro grupo, recibe cuestionamientos y feedback

Evaluación de soluciones de FitFlow:

Después del proceso colaborativo, el equipo de FitFlow llegó a estas evaluaciones:

Solución	Impacto en IMs	Complejidad	Riesgo de Adopción	Score
1.1: Plan de Regreso Inteligente	5	3	4	**12**
1.2: Adaptador de Circunstancias Proactivo	4	4	4	**12**
1.3: Micro-Rutinas de Continuidad	3	5	3	**11**
2.1: Calibrador Adaptativo Inicial	5	2	4	**11**
2.2: Ajuste Inteligente en Tiempo Real	4	1	2	**7**
2.3: Sistema de Progresión Semanal Automática	4	3	5	**12**
3.1: Selector Automático con Explicación	4	4	3	**11**
3.2: Generador de Plan Híbrido Personalizado	5	2	4	**11**
3.3: Asignación Inteligente con Backup	3	3	5	**11**
4.1: Insights de Progreso Semanales	3	4	5	**12**
4.2: Detector de Patrones Personales	4	3	4	**11**
4.3: Celebración Inteligente de Micro-Victorias	2	4	4	**10**

<u>Oportunidad 1: Gestión inteligente de interrupciones (A-Dial 50%)</u>

Solución 1.1: Plan de Regreso Inteligente

- Impacto en Input Metrics: 5 (mueve directamente "Frecuencia de regreso después de días sin actividad")
- Complejidad: 3 (requiere algoritmos de detección de patrones y personalización)
- Riesgo de adopción: 4 (mejora experiencia sin cambiar comportamiento base)
- **Score total: 12**

Solución 1.2: Adaptador de Circunstancias Proactivo

- Impacto en Input Metrics: 4 (mejora "Tasa de inicio de sesiones" durante viajes)
- Complejidad: 4 (usa lógica de filtrado existente)
- Riesgo de adopción: 4 (funcionalidad opcional y familiar)
- **Score total: 12**

Solución 1.3: Micro-Rutinas de Continuidad

- Impacto en Input Metrics: 3 (impacto moderado en regreso después de interrupciones)
- Complejidad: 5 (relativamente simple de implementar)
- Riesgo de adopción: 3 (requiere cambio en mindset sobre qué cuenta como entrenamiento)
- **Score total: 11**

<u>Oportunidad 2: Calibración de intensidad adecuada (A-Dial 60%)</u>

Solución 2.1: Calibrador Adaptativo Inicial

- Impacto en Input Metrics: 5 (mueve directamente "Porcentaje de entrenamientos completados vs iniciados")
- Complejidad: 2 (requiere ML para análisis de feedback y ajustes personalizados)

- Riesgo de adopción: 4 (mejora transparente de experiencia existente)
- **Score total: 11**

Solución 2.2: Ajuste Inteligente en Tiempo Real

- Impacto en Input Metrics: 4 (mejora adherencia durante entrenamientos)
- Complejidad: 1 (requiere sensores y análisis en tiempo real)
- Riesgo de adopción: 2 (puede sentirse intrusivo durante entrenamientos)
- **Score total:** 7

Solución 2.3: Sistema de Progresión Semanal Automática

- Impacto en Input Metrics: 4 (mejora adherencia a largo plazo)
- Complejidad: 3 (análisis semanal y ajustes algorítmicos)
- Riesgo de adopción: 5 (automático, no interfiere con experiencia inmediata)
- **Score total: 12**

Oportunidad 3: Identificación del plan óptimo (A-Dial 80%)

Solución 3.1: Selector Automático con Explicación

- Impacto en Input Metrics: 4 (reduce significativamente "Tiempo promedio para encontrar y seleccionar un entrenamiento")
- Complejidad: 4 (usa algoritmos de matching existentes)
- Riesgo de adopción: 3 (elimina proceso de decisión familiar)
- **Score total: 11**

Solución 3.2: Generador de Plan Híbrido Personalizado

- Impacto en Input Metrics: 5 (optimiza selección y mejora adherencia inicial)
- Complejidad: 2 (requiere sistema de combinación inteligente de templates)
- Riesgo de adopción: 4 (mejora resultados sin cambiar experiencia fundamental)
- **Score total: 11**

Solución 3.3: Asignación Inteligente con Backup

- Impacto en Input Metrics: 3 (reduce fricción pero no elimina abandono)
- Complejidad: 3 (requiere sistema de detección de abandono y migración automática)
- Riesgo de adopción: 5 (completamente transparente para usuario)
- **Score total: 11**

<u>Oportunidad 4: Coach motivacional personalizado (A-Dial 30%)</u>

Solución 4.1: Insights de Progreso Semanales

- Impacto en Input Metrics: 3 (mejora moderadamente motivación y regreso)
- Complejidad: 4 (análisis de datos existentes con presentación mejorada)
- Riesgo de adopción: 5 (valor agregado sin cambios en experiencia core)
- **Score total: 12**

Solución 4.2: Detector de Patrones Personales

- Impacto en Input Metrics: 4 (puede mejorar múltiples Input Metrics indirectamente)

- Complejidad: 3 (requiere análisis de patrones y timing de insights)
- Riesgo de adopción: 4 (insights útiles sin presión de acción)
- **Score total: 11**

Solución 4.3: Celebración Inteligente de Micro-Victorias

- Impacto en Input Metrics: 2 (impacto sutil en motivación a largo plazo)
- Complejidad: 4 (detección de logros con notificaciones personalizadas)
- Riesgo de adopción: 4 (valor positivo sin cambios en experiencia)
- **Score total: 10**

Ranking final por score total:

Empate en primer lugar (Score 12):

- Plan de Regreso Inteligente
- Adaptador de Circunstancias Proactivo
- Sistema de Progresión Semanal Automática
- Insights de Progreso Semanales

Empate en segundo lugar (Score 11):

- Calibrador Adaptativo Inicial
- Selector Automático con Explicación
- Generador de Plan Híbrido Personalizado
- Asignación Inteligente con Backup
- Detector de Patrones Personales
- Micro-Rutinas de Continuidad

Votación final y decisión:

Tu facilitación:

"Tenemos un empate técnico entre varias soluciones top. Vamos a hacer una votación donde cada persona distribuye 5 puntos entre las soluciones con score 12 y 11. Pueden concentrar todos sus puntos en una solución o distribuirlos."

Resultado de votación del equipo FitFlow:

- Plan de Regreso Inteligente: 14 puntos
- Sistema de Progresión Semanal Automática: 12 puntos
- Adaptador de Circunstancias Proactivo: 9 puntos
- Insights de Progreso Semanales: 8 puntos
- Calibrador Adaptativo Inicial: 7 puntos

Decisión final del decisor: Considera tanto el ranking técnico como la votación del equipo, y selecciona de **4 a 6 soluciones prioritarias** para implementación:

1. **Plan de Regreso Inteligente** (más votado + mayor impacto en retención)
2. **Sistema de Progresión Semanal Automática** (automatización con bajo riesgo)
3. **Calibrador Adaptativo Inicial** (crítico para principiantes)
4. **Adaptador de Circunstancias Proactivo** (relevante para usuarios activos)
5. **Insights de Progreso Semanales** (base motivacional para todo)

PASO 5.2: DEFINICIÓN DE MÉTRICAS DE VALIDACIÓN (20 MIN)

¿Para qué definir métricas específicas de validación?

No basta con implementar las soluciones de IA. Necesitas saber si realmente están resolviendo las fricciones cognitivas identificadas y moviendo las Input Metrics como esperabas. Sin métricas claras de validación, no puedes distinguir entre features que "se sienten bien" y features que realmente generan valor medible.

Métricas de validación:

Para cada solución priorizada, vamos a definir dos tipos de métricas:

- **Métrica de Valor (comportamiento de usuario):** ¿Cómo sabremos que la fricción cognitiva específica se redujo?
- **Métrica de Viabilidad (impacto en negocio):** ¿Cómo se conecta esto con nuestras Input Metrics y North Star?

Consigna para el equipo:

"Para nuestras 5 soluciones prioritarias, vamos a definir exactamente cómo vamos a medir si funcionaron. Trabajen en grupos de 2-3 personas, asignen una solución por grupo. Tienen 10 minutos para definir ambas métricas, luego 10 minutos de presentación grupal donde validamos que las métricas sean específicas y medibles."

Métricas definidas por FitFlow:

1. Solución: Plan de Regreso Inteligente

Fricción cognitiva que resuelve: Usuarios no saben cómo reiniciar después de interrupciones largas

Métrica de Valor:

- Tasa de engagement con planes de regreso propuestos (objetivo: >65% de usuarios con 3+ días de inactividad interactúan con la propuesta)
- Tiempo promedio para reiniciar entrenamientos después de recibir plan de regreso (objetivo: reducir de 8.5 días actuales a <4 días)

Métrica de Viabilidad:

- "Frecuencia de regreso después de días sin actividad" - usuarios que regresan dentro de 7 días después de 3+ días de inactividad (objetivo: aumentar de 33% actual a 50%)

2. Solución: Sistema de Progresión Semanal Automática

Fricción cognitiva que resuelve: Usuarios no saben cuándo o cómo aumentar intensidad progresivamente

Métrica de Valor:

- Porcentaje de usuarios que mantienen progresión consistente semana a semana (objetivo: >80% de usuarios activos aceptan ajustes automáticos)
- Reducción en reportes de "entrenamientos demasiado fáciles" o "demasiado difíciles" (objetivo: <15% de feedback negativo sobre intensidad)

Métrica de Viabilidad:

- "Porcentaje de entrenamientos completados vs iniciados" - medido semana a semana para usuarios con progresión automática vs. control (objetivo: mantener >85% vs. actual 70%)

3. Solución: Calibrador Adaptativo Inicial

Fricción cognitiva que resuelve: Principiantes no pueden evaluar intensidad inicial apropiada

Métrica de Valor:

- Tasa de abandono de entrenamientos en primeras 2 semanas para nuevos usuarios (objetivo: reducir de 45% actual a <25%)
- Porcentaje de nuevos usuarios que completan al menos 10 entrenamientos en su primer mes (objetivo: aumentar de 23% a 40%)

Métrica de Viabilidad:

- "Tasa de inicio de sesiones de entrenamiento" específicamente para usuarios en sus primeras 4 semanas (objetivo: >3 sesiones por semana promedio)

4. Solución: Adaptador de Circunstancias Proactivo

Fricción cognitiva que resuelve: Usuarios no saben cómo mantener rutinas durante cambios temporales

Métrica de Valor:

- Uso de adaptaciones propuestas cuando usuarios reportan cambios de contexto (objetivo: >70% de adaptaciones propuestas son utilizadas)
- Continuidad de actividad durante períodos de viaje/cambio reportados (objetivo: >60% mantienen al menos 1 sesión por semana)

Métrica de Viabilidad:

- "Tasa de inicio de sesiones de entrenamiento" durante semanas donde usuario reportó cambios vs. semanas normales (objetivo: diferencia <20% entre ambos períodos)

5. Solución: Insights de Progreso Semanales

Fricción cognitiva que resuelve: Usuarios no pueden interpretar su progreso o identificar qué está funcionando

Métrica de Valor:

- Engagement con reportes semanales - porcentaje de usuarios que abren y leen insights (objetivo: >60% open rate sostenido)
- Implementación de sugerencias específicas incluidas en

insights (objetivo: >30% de usuarios implementan al menos 1 sugerencia por mes)

Métrica de Viabilidad:

- Correlación entre recepción de insights positivos y "Frecuencia de regreso después de días sin actividad" (objetivo: usuarios que reciben insights tienen 25% mejor tasa de regreso)

Tu facilitación como resultado de esta fase:

"Excelente. Ahora tenemos métricas específicas y medibles para validar si nuestras 5 soluciones prioritarias realmente resuelven las fricciones cognitivas identificadas. Cada métrica está conectada directamente con nuestras Input Metrics originales, lo que nos asegura que estamos midiendo valor real, no solo actividad."

PASO 5.3: PLANIFICACIÓN TEMPORAL Y CREACIÓN DE ROADMAP (40 MIN)

¿Para qué ordenar temporalmente las implementaciones?

Las 5 soluciones prioritarias no pueden implementarse simultáneamente. Necesitas ordenarlas estratégicamente considerando:

- **Dependencias técnicas** (¿alguna solución necesita que otra esté implementada primero?)
- **Capacidad de equipo** (¿cuánto puede manejar tu equipo de desarrollo simultáneamente?)
- **Impacto acumulativo** (¿qué orden maximiza el efecto combinado de las soluciones?)

La mecánica de planificación:

Vamos a mapear las 5 soluciones en un roadmap de 3 trimestres, considerando tanto valor estratégico como viabilidad operativa.

Consigna para el equipo:

"Vamos a distribuir nuestras 5 soluciones en los próximos 3 trimestres. Primero identificaremos dependencias, luego evaluaremos capacidad, y finalmente crearemos el roadmap que maximice impacto acumulativo hacia nuestro North Star."

Análisis de dependencias técnicas:

Trabajo grupal (10 min): El equipo identifica qué soluciones requieren infraestructura, datos, o funcionalidades que otras soluciones también necesitan.

Dependencias identificadas por FitFlow:

Infraestructura base necesaria:

- Sistema de detección de patrones de actividad (requerido por: Plan de Regreso, Sistema de Progresión, Insights)
- Motor de personalización de contenido (requerido por: Adaptador de Circunstancias, Insights)
- Sistema de notificaciones inteligentes (requerido por: Plan de Regreso, Insights)

Dependencias de datos:

- El Sistema de Progresión Semanal necesita al menos 4 semanas de datos de comportamiento para funcionar efectivamente
- Los Insights de Progreso requieren que el Calibrador Adaptativo esté generando datos de intensidad por al menos 2 semanas

Dependencias de experiencia:

- El Adaptador de Circunstancias funciona mejor cuando los

usuarios ya están familiarizados con planes personalizados (después del Calibrador)

Evaluación de capacidad de equipo (10 min):

FitFlow evalúa su capacidad:

- **Equipo de desarrollo:** 3 desarrolladores full-stack, 1 data scientist.
- **Capacidad trimestral:** Pueden manejar 1-2 features de complejidad media o 1 feature compleja por trimestre. Los developers se encargarán de descomponer cada feature en historias de usuario más granulares de forma tal de realizar el desarrollo de forma evolutiva.
- **Limitaciones:** Infraestructura de ML es nueva para el equipo, requerirá curva de aprendizaje.

Roadmap estratégico resultante (20 min):

Q1 202x: Fundación + Impacto Inmediato

Features implementadas:

1. **Calibrador Adaptativo Inicial** (implementación completa)
2. **Infraestructura base:** Sistema de detección de patrones y notificaciones inteligentes

Justificación estratégica:

- El Calibrador resuelve el problema más crítico (principiantes abandonando) con impacto inmediato medible
- Genera datos de comportamiento necesarios para otros features

Métrica de enfoque Q1: "Porcentaje de entrenamientos completados vs iniciados" para nuevos usuarios

Q2 202x: Retención + Progresión

Features implementadas:

1. **Plan de Regreso Inteligente** (implementación completa)
2. **Sistema de Progresión Semanal Automática** (implementación completa)

Justificación estratégica:

- Aprovecha la infraestructura construida en Q1
- Combina impacto en retención (Plan de Regreso) con optimización de experiencia continua (Progresión Semanal)
- El Sistema de Progresión se beneficia de los datos generados por el Calibrador en Q1

Métrica de enfoque Q2: "Frecuencia de regreso después de días sin actividad" + "Porcentaje de entrenamientos completados vs iniciados" (sostenido)

Q3 202x: Optimización + Inteligencia Avanzada

Features implementadas:

1. **Adaptador de Circunstancias Proactivo** (implementación completa)
2. **Insights de Progreso Semanales** (implementación completa)

Justificación estratégica:

- Aprovecha toda la infraestructura y datos acumulados de Q1-Q2
- Los Insights son más valiosos cuando hay datos ricos de progresión automática
- El Adaptador de Circunstancias funciona mejor con usuarios ya enganchados

Métrica de enfoque Q3: Todas las Input Metrics operando sinérgicamente + North Star ("Usuarios activos semanales que completan al menos una sesión")

Validación del roadmap con stakeholders:

Tu pregunta como facilitador:

"¿Este roadmap respeta las capacidades realistas del equipo? ¿Las dependencias tienen sentido? ¿El orden maximiza impacto acumulativo hacia el North Star?"

Consenso del equipo FitFlow: Sí, el roadmap es ambicioso pero realista, y cada trimestre construye sobre el anterior maximizando el impacto combinado.

Plan de validación por trimestre:

- **Q1:** Validar que el Calibrador reduce abandono temprano y genera datos de calidad
- **Q2:** Validar que Plan de Regreso + Progresión Semanal crean un ciclo virtuoso de retención y mejora
- **Q3:** Validar que el sistema completo mueve significativamente el North Star

Resultado final de la Fase 5:

Tienes un roadmap de 3 trimestres con:

- **5 soluciones prioritarias** seleccionadas estratégicamente
- **Métricas específicas** para validar cada solución
- **Distribución temporal** que maximiza impacto acumulativo
- **Plan de validación** trimestral conectado con North Star

Tu síntesis como facilitador:

"Perfecto. Transformamos 'queremos agregar IA' en un roadmap estratégico de 3 trimestres con 5 soluciones específicas, métricas de validación claras, y

un plan de implementación que respeta tanto las capacidades del equipo como las dependencias técnicas. Cada trimestre construye sobre el anterior, maximizando el impacto acumulativo hacia el North Star de usuarios activos semanales."

¿Qué acabas de lograr en todo el AI Strategy Workshop?

En dos sesiones de trabajo, llevaste al equipo desde una solicitud vaga ("queremos agregar IA") hasta:

- **Norte estratégico claro:** Propósito, North Star Metric, e Input Metrics específicas
- **Fricciones identificadas:** 6 fricciones cognitivas específicas mapeadas en el user journey
- **Oportunidades priorizadas:** 5 soluciones de IA con niveles A-Dial estratégicamente definidos
- **Métricas de validación:** Métricas de valor y viabilidad para cada solución
- **Roadmap ejecutable:** Plan de 3 trimestres que maximiza impacto acumulativo

El equipo ahora tiene exactamente lo que necesita para ejecutar: claridad estratégica, soluciones específicas, y un plan de implementación fundamentado en evidencia y alineado con objetivos de negocio medibles.

DÍA 4

DAR CONTINUIDAD

El cuarto día está pensado para convertir la estrategia de IA en disciplina operacional continua, pero puede omitirse si tu organización ya opera con un modelo de gestión estratégica basado en OKRs (o equivalente) que asegure seguimiento, aprendizaje y accountability.

Para todos los demás equipos, este último encuentro es esencial: aquí diseñaremos el sistema de revisiones, el protocolo para evaluar nuevas oportunidades y la transferencia formal de ownership que evitará que el impulso del workshop se diluya en la rutina. Sin estos mecanismos, incluso la hoja de ruta más sólida se corre el riesgo de perder foco y volver a la "feature factory".

AGENDA DEL DÍA 4

Durante la sesión de tres horas correspondiente al tercer día, enfocaremos nuestro trabajo en ejecutar las actividades descritas a continuación:

- **Fase 6: Próximos pasos y seguimiento (1hr)**
    - Paso 6.1: Definición de modelo de seguimiento (15 min)
    - Paso 6.2: Protocolo de nuevas oportunidades (15 min)
    - Paso 6.3: Transferencia de ownership (15 min)
    - Paso 6.4: Reflexión final y compromiso (15 min)

FASE 6: PRÓXIMOS PASOS Y SEGUIMIENTO

PASO 6.1: DEFINICIÓN DE MODELO DE SEGUIMIENTO (15 MIN)

¿Para qué necesitamos un modelo de seguimiento?

El AI Strategy Workshop no termina cuando salen de la sala. De hecho, ahí es donde comienza el trabajo más crítico: convertir decisiones estratégicas en ejecución consistente. Sin un modelo claro de seguimiento, las mejores decisiones se diluyen en la operación diaria y terminamos regresando a la feature factory.

He visto esto suceder decenas de veces: equipos que salen del workshop energizados y alineados, pero que tres semanas después están tomando decisiones reactivas sobre IA porque no establecieron los mecanismos para mantener la disciplina estratégica.

La mecánica de diseño:

Vamos a diseñar tres tipos de seguimiento que mantengan viva la disciplina estratégica sin agregar burocracia innecesaria.

Consigna para el equipo:

"Vamos a diseñar los mecanismos que nos aseguren que las decisiones que tomamos hoy se mantengan vivas en nuestra operación de los próximos meses. No queremos crear más reuniones, sino integrar la revisión estratégica en procesos que ya tenemos o que realmente agreguen valor."

Modelo de seguimiento:

Puedes, y es recomendable, utilizar el siguiente modelo de revisiones para que el grupo utilice como referencia para crear el propio, de forma de adueñarse de él.

1. Revisiones de Impacto (Cada 4 semanas / 1 mes)

¿Qué revisamos?

- Evolución de las métricas de validación definidas para cada solución
- Nuevas fricciones cognitivas que emergen mientras implementamos
- Desviaciones entre lo planificado y lo que está sucediendo realmente

¿Quién participa?

- Core team del workshop (máximo 5 personas)
- Duración fija: 90 minutos, no más

¿Cuál es el output?

- Decisión explícita: seguir, pivotar, o pausar cada solución en desarrollo
- Identificación de 1-2 ajustes específicos para el próximo mes
- Lista de blockers que requieren ser escalados

2. North Star Check-ins (Cada 8 semanas / 2 meses)

¿Qué evaluamos?

- Impacto acumulativo de las soluciones implementadas en el North Star
- Alineación entre lo que estamos construyendo y el propósito original
- Evolución del contexto competitivo o de mercado que pueda afectar nuestras decisiones

¿Quién participa?

- Decisor original + stakeholders clave del workshop
- Duración: 2 horas máximo

¿Cuál es el output?

- Confirmación o ajuste del North Star e Input Metrics
- Decisiones sobre acelerar, ralentizar, o cambiar prioridades del roadmap
- Autorización para explorar nuevas oportunidades de IA que hayan emergido

3. Strategic Learning Sessions (Cada 12 semanas / 3 meses)

¿Qué exploramos?

- Lecciones aprendidas sobre qué funciona y qué no en nuestro enfoque de IA
- Nuevas oportunidades de fricción cognitiva descubiertas durante la implementación
- Evolución de capacidades técnicas y organizacionales

¿Quién participa?

- Equipo expandido: incluye a quienes están implementando directamente
- Duración: medio día

¿Cuál es el output?

- Refinamiento de nuestra metodología interna para futuras decisiones de IA
- Identificación de próximas oportunidades para aplicar AI Strategy Workshop
- Plan de desarrollo de capacidades para el siguiente ciclo

Modelo de seguimiento de FitFlow:

Después de 15 minutos de diseño colaborativo, el equipo de FitFlow define:

Revisiones de Impacto - Primer viernes de cada mes, 10:00-11:30 AM

- Participantes: Product Manager, Tech Lead, Customer Success Manager
- Agenda fija: 30 min revisión de métricas, 30 min identificación de ajustes, 30 min decisiones sobre roadmap
- Herramienta: Dashboard compartido con métricas de validación en tiempo real

North Star Check-ins - Cada 2 meses

- Participantes: CEO, Head of Marketing, Product Manager, Tech Lead
- Integrado en: Sesión de strategic planning existente (no nueva reunión)
- Foco: 1 hora dedicada específicamente a evaluar impacto de IA en North Star

Strategic Learning Sessions - Final de cada trimestre

- Participantes: Todo el equipo que participó en el workshop + desarrolladores que implementaron

- Formato: Retrospectiva estructurada sobre decisiones de IA del trimestre
- Output: Lista de "pattern library" interna para futuras decisiones de IA

PASO 6.2: PROTOCOLO DE NUEVAS OPORTUNIDADES (15 MIN)

¿Para qué necesitamos un protocolo?

A medida que implementen las soluciones priorizadas, van a descubrir nuevas fricciones cognitivas que no habían anticipado. Van a surgir ideas de IA que parecen prometedoras pero que no estaban en el roadmap original. Sin un protocolo claro, van a tomar decisiones ad-hoc sobre estas oportunidades, regresando al modo reactivo.

La tentación de la nueva oportunidad brillante:

Esto me ha pasado cientos de veces facilitando estos workshops. El equipo sale súper alineado con 5 prioridades claras, pero a las 3 semanas aparece una nueva idea que "es perfecta" y "no puede esperar". Sin un protocolo, terminan dispersándose en 7 direcciones diferentes.

Consigna para el equipo:

"Vamos a definir exactamente qué hacemos cuando aparezca una nueva oportunidad de IA que no esté en nuestro roadmap actual. Queremos que sea fácil capturar buenas ideas sin romper la disciplina estratégica que acabamos de construir."

Protocolo de evaluación rápida:

Puedes proponer el siguiente modelo o template de evaluación de nuevas oportunidades como punto de partida para que lo adapten a su medida:

- **Paso 1: Filtro inmediato**
  - ¿Esta oportunidad resuelve una fricción cognitiva específica que podemos describir claramente?

  - ¿Se conecta directamente con alguna de nuestras Input Metrics actuales?
  - ¿Es más importante que lo que ya estamos implementando?
  - Si cualquier respuesta es "no", la idea va a backlog de futuras evaluaciones.
- **Paso 2: Análisis de contexto**
  - ¿Qué cambió en nuestro contexto que hace que esta oportunidad sea relevante ahora?
  - ¿Qué evidencia tenemos de que esta fricción realmente existe y es significativa?
  - ¿Cómo se compara con nuestras 5 prioridades actuales en términos de impacto en North Star?
- **Paso 3: Decisión de timing**
  - Implementar ahora (reemplaza algo del roadmap actual)
  - Agregar a próximo trimestre (mantiene roadmap actual)
  - Evaluar en próximo Strategic Learning Session (no es urgente)

Protocolo de FitFlow para nuevas oportunidades:

- **Responsable de filtro inicial:** Product Manager (puede consultar, pero decide rápido)
- **Trigger para análisis profundo:** Solo si la nueva oportunidad podría impactar el North Star más que las soluciones ya en desarrollo
- **Escalado a decisor:** Solo para oportunidades que requieran cambios al roadmap actual
- **Documentación:** Template de 1 página para capturar contexto, evidencia, y recomendación

PASO 6.3: TRANSFERENCIA DE OWNERSHIP (15 MIN)

¿Por qué la transferencia de ownership es crítica?

En este momento, tú como facilitador tienes más contexto sobre las decisiones tomadas que algunos miembros del equipo. Esto es peligroso. Si el conocimiento se queda contigo, cuando te vayas (si es que te vas), parte de la disciplina estratégica se va contigo. Esto es muy frecuente si eres un staff de apoyo al equipo de producto, y no es tan habitual si eres el Product Manager o Product Owner.

En caso de que corresponda, necesitamos transferir completamente el ownership de estas decisiones al equipo, asegurándonos de que alguien internamente se convierte en el guardián de la disciplina estratégica.

Consigna para el equipo:

"Vamos a definir quién internamente va a ser el guardián de la disciplina estratégica que construimos hoy. Esta persona no va a tomar todas las decisiones, pero sí va a asegurar que las decisiones se tomen usando el framework que desarrollamos."

Roles de ownership:

Strategic Owner (1 persona):

- Quién: Idealmente el Product Manager, Product Owner o quien tenga mayor contexto de negocio
- Responsabilidad: Mantener vivo el framework de decisión, facilitar revisiones de impacto, escalar cuando el equipo se está desviando del enfoque estratégico
- Time commitment: 2-3 horas por mes dedicadas específicamente a esto

Metrics Owner (1 persona):

- Quién: Quien tenga mejor acceso y comprensión de datos
- Responsabilidad: Mantener actualizadas las métricas de validación, identificar tendencias, alertar cuando las métricas no se están moviendo como esperábamos

- Time commitment: 1-2 horas por semana

Learning Facilitator (1 persona):

- Quién: Quien tenga habilidades de facilitación (si es un equipo Scrum, puede ser el Scrum Master)
- Responsabilidad: Facilitar Strategic Learning Sessions, asegurar que capturamos y aplicamos aprendizajes
- Time commitment: 4-6 horas por trimestre

Ownership de FitFlow:

- **Strategic Owner:** Product Manager (tiene contexto de negocio y relación con stakeholders)
- **Metrics Owner:** Customer Success Manager (tiene acceso directo a comportamiento de usuarios y feedback)
- **Learning Facilitator:** UX Designer (tiene habilidades de facilitación y pensamiento sistémico)
- **Backup roles:** Cada owner designa un backup que puede cubrir en ausencias

Tu síntesis como facilitador:

"Perfecto. Ahora tienen un modelo completo para mantener viva la disciplina estratégica que construimos hoy. Tienen mecanismos de seguimiento que se integran en su operación existente, un protocolo claro para evaluar nuevas oportunidades, y ownership distribuido para que el framework sobreviva y evolucione independientemente de cualquier consultor externo."

PASO 6.4: REFLEXIÓN FINAL Y COMPROMISO (15 MIN)

El momento de la verdad:

Llegamos al final del AI Strategy Workshop, pero en realidad estamos al comienzo de algo mucho más importante: tu transición de operador reactivo a estratega proactivo de IA.

Consigna para reflexión individual (10 minutos):

"Quiero que cada uno reflexione individualmente sobre estas preguntas. No las van a compartir, son para ustedes:

1. ¿Qué es lo más importante que descubriste sobre tu propio enfoque hacia la IA durante este workshop?
2. ¿Cuál es la conversación específica que necesitas tener mañana por la mañana como resultado de lo que trabajamos hoy?
3. ¿Qué es lo que más te preocupa sobre ejecutar lo que decidimos? ¿Qué necesitas para sentir más confianza?"

Compromiso grupal (15 minutos):

"Ahora quiero que cada uno comparta una sola cosa: ¿cuál es el compromiso específico que estás dispuesto a hacer con este grupo para los próximos 30 días?"

Compromisos del equipo FitFlow:

CEO: "Me comprometo a no tomar decisiones sobre nuevas features de IA sin consultar primero con nuestro Strategic Owner y usar el protocolo que definimos."

Product Manager: "Me comprometo a facilitar nuestra primera Revisión de Impacto dentro de 4 semanas y mantener actualizadas las métricas de validación semanalmente."

Tech Lead: "Me comprometo a resistir la tentación de implementar features de IA 'cool' que no estén en nuestro roadmap estratégico, y a escalar temprano si veo que la complejidad técnica va a afectar nuestros timelines."

Head of Marketing: "Me comprometo a mantener alineado nuestro messaging externo con las decisiones estratégicas que tomamos hoy, y a no prometer features de IA que no están en el roadmap."

Customer Success Manager: "Me comprometo a mantener actualizada nuestra métrica de validación y a traer feedback de usuarios que pueda informar nuestras decisiones sobre IA."

UX Designer: "Me comprometo a facilitar nuestra primera Strategic Learning Session al final del trimestre y asegurar que capturamos y aplicamos lo que aprendemos."

Tu reflexión final como facilitador:

"Lo que acabamos de hacer juntos va más allá de planificar features de IA. Construimos una nueva manera de tomar decisiones estratégicas que pueden aplicar a cualquier tecnología emergente que aparezca en los próximos años. Desarrollaron la capacidad de convertir presiones reactivas en decisiones fundamentadas."

El regalo más valioso:

"El regalo más valioso que se llevan hoy no es el roadmap de 3 trimestres. Es la confianza de saber que pueden facilitar conversaciones estratégicas complejas. Que pueden elevarse del nivel operativo al nivel donde se toman las decisiones que realmente importan. Esa capacidad es su diferencial más valioso en un mundo donde la IA puede automatizar la mayoría de tareas operativas."

¿Qué acabas de lograr en esta Fase?

Cerraste el círculo completo del AI Strategy Workshop:

- **Modelo de seguimiento:** Mecanismos específicos para mantener la disciplina estratégica
- **Protocolo de nuevas oportunidades:** Framework para evaluar ideas emergentes sin romper la alineación
- **Transferencia de ownership:** Distribución de responsabilidades para que el framework sea sostenible
- **Compromiso grupal:** Acuerdos específicos que convierten decisiones en acción

Resultado final del AI Strategy Workshop completo:

En 10 horas de trabajo estratégico, llevaste a un equipo desde "queremos agregar IA" hasta:

- Norte estratégico cristalino con métricas específicas
- 5 oportunidades de IA priorizadas y fundamentadas
- Roadmap de implementación de 3 trimestres
- Modelo de seguimiento para sostener la disciplina estratégica
- Ownership distribuido para evolución continua
- Compromiso grupal para ejecución efectiva

El equipo ahora tiene todo lo necesario no solo para ejecutar, sino para mantener y evolucionar su enfoque estratégico hacia la IA independientemente de facilitadores externos.

EPÍLOGO: TU MOMENTO DE DECIDIR

LA DIFERENCIA ENTRE SOBREVIVIR Y PROSPERAR

A lo largo de este libro, hemos transitado juntos desde la confusión inicial de "necesitamos agregar IA" hasta la claridad estratégica de saber exactamente dónde, cuándo y cómo integrar inteligencia artificial en nuestros productos. Has aprendido a facilitar conversaciones que transforman presiones reactivas en decisiones fundamentadas.

Pero hay algo más profundo en juego aquí. Mientras escribía estas páginas, me di cuenta de que no estamos simplemente compartiendo una metodología. Estamos hablando de la evolución de nuestra identidad profesional en un mundo donde las máquinas pueden hacer cada vez más de lo que antes considerábamos exclusivamente humano.

La diferencia entre quienes prosperarán y quienes apenas sobrevivirán en los próximos años no será técnica. Será estratégica. Será la capacidad de habitar el espacio donde se toman las decisiones que realmente importan.

Reflexiona un momento: ¿Dónde te veías profesionalmente hace cinco años? ¿Anticipaste los cambios que has vivido? ¿Cómo imaginas que será tu rol en los próximos cinco años?

NIVELES DE MAESTRÍA EN IA PRODUCT MANAGEMENT

Durante estos años trabajando con cientos de equipos en toda Latinoamérica, he observado que los profesionales que logran destacarse en la gestión de productos con IA operan en tres niveles distintos:

Nivel 1: El Operador Eficiente

Domina las herramientas. Puede usar ChatGPT para escribir PRDs más rápido, puede interpretar outputs de modelos de ML, puede coordinar equipos que implementan features de IA. Es competente, es valorado, pero es reemplazable.

Nivel 2: El Estratega Informado

Entiende las implicaciones. Puede evaluar qué problemas se benefician de IA vs. soluciones tradicionales, puede balancear automatización con control humano, puede diseñar experiencias de usuario que aprovechan las fortalezas de la IA mientras mitigan sus limitaciones. Es consultado, es respetado, pero aún depende de que otros definan la dirección estratégica.

Nivel 3: El Arquitecto de Futuro

Define hacia dónde vamos. Puede anticipar cómo la IA transformará industrias enteras, puede imaginar productos que aún no existen, puede facilitar las conversaciones donde se decide qué tipo de futuro queremos construir. Es buscado, es irreemplazable, es quien da forma al mañana.

Tu Elección Estratégica

El AI Strategy Workshop que has aprendido en este libro es tu vehículo para transitar del Nivel 1 al Nivel 2. Pero llegar al Nivel 3 requiere algo más: una comprensión profunda no solo de qué hacer, sino de por qué hacerlo y cuáles son las implicaciones de largo plazo de nuestras decisiones.

Esto me lleva a una reflexión personal que quiero compartir contigo. Cuando comencé a experimentar seriamente con IA en nuestros productos, cometí el error de enfocarme únicamente en las capacidades técnicas. Pasé meses aprendiendo sobre algoritmos, arquitecturas de modelos, métricas de performance. Era fascinante, pero me estaba preparando para ser un operador más sofisticado, no un estratega.

El punto de inflexión llegó cuando me di cuenta de que la ventaja competitiva no estaba en entender mejor los algoritmos, sino en desarrollar mejor criterio sobre cuándo y cómo aplicarlos. Ese fue el disparador que transformó el Feature Strategy Workshop en el AI Strategy Workshop. Se trata de comprender las dinámicas humanas, organizacionales y de mercado que determinan si una solución de IA realmente genera valor o simplemente agrega complejidad.

Para reflexionar: ¿En cuál de los tres niveles te encuentras hoy? ¿Hacia cuál aspiras realmente? ¿Qué necesitas desarrollar para llegar ahí?

LA URGENCIA SILENCIOSA

Hay algo que necesito decirte con total honestidad: el tiempo de adaptación gradual se está agotando. No porque la IA vaya a reemplazarnos mañana, sino porque las organizaciones están tomando decisiones estratégicas sobre IA ahora, y quienes no estén preparados para participar en esas conversaciones van a quedar excluidos de ellas.

He visto esto suceder una y otra vez en los últimos dos años. Equipos brillantes que quedan relegados a roles operativos porque cuando llega el momento de definir la estrategia de IA, no tienen el vocabulario, las herramientas conceptuales, ni la confianza para participar en la conversación estratégica.

No se trata de aprender todo sobre IA. Se trata de desarrollar la capacidad de traducir entre mundos: entre lo técnicamente posible y lo estratégicamente deseable, entre lo que la IA puede hacer y lo que debería hacer en tu contexto específico.

UNA INVITACIÓN PERSONAL

Mientras termino de escribir estas líneas, estoy a punto de iniciar una nueva edición de nuestro programa de formación en AI Product Management, un programa intensivo de 3 meses de duración que va mucho más allá del workshop que has aprendido aquí. Un programa que te lleve del Nivel 2 al Nivel 3, donde no solo aprendas herramientas sino que desarrolles el criterio estratégico para navegar las decisiones más complejas.

Pero más allá de cualquier programa formal, lo que realmente necesitas es una comunidad de práctica. Necesitas estar rodeado de otros profesionales que, como tú, están navegando estas mismas transformaciones. Que están enfrentando dilemas similares, explorando oportunidades parecidas, y construyendo el futuro de la gestión de productos.

Te invito a conectar conmigo en LinkedIn y contarme cómo vas aplicando lo que hemos explorado en este libro. Comparte tus experimentos, tus fracasos, tus descubrimientos. No solo para mi aprendizaje, sino para el de toda nuestra comunidad.

EL MOMENTO DE DECIDIR

Como gestores de productos, tenemos una responsabilidad extraordinaria. No solo estamos construyendo features o mejorando métricas. Estamos decidiendo cómo la inteligencia artificial se integra en la vida diaria de las personas. Estamos definiendo qué problemas vale la pena automatizar y cuáles requieren el toque humano. Estamos construyendo el futuro, una decisión de producto a la vez.

Tu momento es ahora. El momento de decidir si vas a ser un observador de esta transformación o uno de sus arquitectos. El momento de decidir si vas a esperar a que otros definan cómo se usa la IA en tu industria, o si vas a ser quien ayude a definirlo.

El momento de decidir si vas a seguir tomando pedidos de features, o si vas a empezar a participar en las conversaciones donde se decide qué tipo de productos vale la pena construir en primer lugar.

Mi Compromiso Contigo

He compartido contigo todo lo que sé sobre cómo tomar decisiones estratégicas de IA en productos digitales. Pero esto es solo el comienzo de tu viaje. Mi compromiso contigo no termina con la última página de este libro.

Seguiré investigando, experimentando, y refinando estas metodologías. Seguiré compartiendo lo que aprendo, tanto los aciertos como los errores. Y seguiré construyendo comunidad alrededor de estos temas, porque las transformaciones más profundas siempre suceden en colaboración.

Te propongo que hagas este compromiso conmigo: dedica los próximos 30 días a aplicar el AI Strategy Workshop en tu contexto. No esperes el proyecto perfecto o el momento ideal. Encuentra una oportunidad, por pequeña que sea, y facilita la conversación estratégica que has aprendido aquí.

Después de esos 30 días, reflexiona sobre qué aprendiste. Tanto sobre la metodología como sobre ti mismo. Sobre tu capacidad de facilitar conversaciones complejas, sobre tu habilidad para traducir entre lo técnico y lo estratégico, sobre tu confianza para participar en decisiones que realmente importan.

La Pregunta Final

Te dejo con la misma pregunta que me hago muy seguido, especialmente cuando siento que tengo 10 caminos por delante: ¿Qué tipo de futuro quiero ayudar a construir hoy?

En un mundo donde la IA puede automatizar cada vez más tareas, la pregunta no es qué pueden hacer las máquinas. La pregunta es qué decidimos que hagan. Y esa decisión está en tus manos.

El futuro de los productos digitales no lo van a definir los algoritmos más sofisticados o los modelos más potentes. Lo van a definir las personas que tengan el criterio estratégico para decidir cómo usarlos de manera que realmente mejoren la vida de otros seres humanos.

Tú puedes ser una de esas personas.

El libro termina aquí, pero tu historia como estratega de IA recién comienza.

Martin Alaimo

Orlando, FL, 2025

Alaimo Labs

https://alaimolabs.com

Para reflexionar: ¿Cuál es la primera conversación estratégica sobre IA que vas a facilitar después de cerrar este libro? ¿Con quién? ¿Cuándo? ¿Qué esperas que cambie como resultado de esa conversación?

ACERCA DEL AUTOR

ACERCA DEL AUTOR

Como innovador de productos tecnológicos, me especializo tanto en gestión tradicional como en desarrollo impulsado por IA, integrando capacidades de inteligencia artificial en desarrollos web, móviles y SaaS clásicos. Mi trabajo abarca consultoría, formación y conferencias, donde comparto prácticas de vanguardia para crear productos tecnológicos excepcionales potenciados por inteligencia.

A lo largo de mi carrera he generado un impacto medible:

50+ productos digitales lanzados en SaaS, marketplaces, fintech, educación y aplicaciones de consumo; muchos de ellos aún sirviendo millones de sesiones mensuales.

40+ organizaciones asesoradas en estrategia de producto y desarrollo y transformación de modelos operativos, desde startups en etapa semilla hasta empresas globales en cuatro continentes.

6,000+ profesionales capacitados a través de programas de cohorte, academias internas y talleres públicos que combinan ejecución adaptativa, pensamiento moderno de producto y técnicas potenciadas por IA.

Soy fundador de dos firmas consultoras, autor de seis libros sobre las ventajas de la agilidad y la IA en innovación digital, y conferencista bilingüe (inglés y español) que presenta frecuentemente sobre estrategia orientada a resultados, productos impulsados por IA y ciclos de vida, y "time-to-value".

¿Por qué escribí este libro?

Durante años he observado cómo profesionales talentosos quedan atrapados en el rol de "ejecutores brillantes" mientras las decisiones estratégicas se toman en salas donde no están presentes. Con la revolución de la IA, esta brecha se ha vuelto crítica: quienes no desarrollen capacidades estratégicas corren el riesgo de ser automatizados por las mismas tecnologías que podrían haber dominado.

Este libro nace de una convicción profunda: tu talento merece estar en las conversaciones que realmente importan. Mereces ser quien ayude a definir el futuro de los productos, no solo quien los ejecuta.

Mi promesa es simple: te acompañaré en esta transformación profesional con las mismas herramientas y metodologías que han funcionado para miles de profesionales en toda Latinoamérica. Porque la transición de operador a estratega no es opcional. Es tu momento de decidir.

Made in the USA
Monee, IL
05 November 2026

67811472R00092